装配式建筑施工组织

主　编	郑杰珂	陈　耕	曹双平	
副主编	王彦琦	吴　思	傅　佳	
参　编	洪　丹	刘　佳	孙敬涛	
	王汁汁	王祝胜		
主　审	秦　宏			

BEIJING INSTITUTE OF TECHNOLOGY PRESS

内 容 提 要

本书根据《中华人民共和国建筑法》《工程网络计划技术规程》及其他的有关新标准、新规范进行编写。本书按照教育部标准计划分为九个项目：施工组织认知、施工组织准备、施工部署与方法、流水施工、网络计划、资源配置计划、施工总平面布置、BIM 技术应用、装配式建筑施工组织设计的应用等。这九个项目在内容上结合案例、各有特色，相互配合，层层深入。

本书适用于高等职业院校建设工程管理、工程造价、工程监理、建筑施工技术等专业的课程教学，也适用于工程企业在职职工的岗位培训，还可作为施工单位工程技术人员自学及职业资格考试的参考用书。

图书在版编目（CIP）数据

装配式建筑施工组织 / 郑杰珂，陈耕，曹双平主编
. -- 北京：北京理工大学出版社，2024.2
　　ISBN 978-7-5763-3575-0

　　Ⅰ.①装…　Ⅱ.①郑…②陈…③曹…　Ⅲ.①装配式
构件－建筑施工　Ⅳ.① TU3

中国国家版本馆 CIP 数据核字 (2024) 第 040472 号

责任编辑：江　立	文案编辑：江　立
责任校对：周瑞红	责任印制：王美丽

出版发行 / 北京理工大学出版社有限责任公司
社　　址 / 北京市丰台区四合庄路 6 号
邮　　编 / 100070
电　　话 / (010) 68914026（教材售后服务热线）
(010) 68944437（课件资源服务热线）
网　　址 / http://www.bitpress.com.cn
版 印 次 / 2024 年 2 月第 1 版第 1 次印刷
印　　刷 / 北京紫瑞利印刷有限公司
开　　本 / 787 mm × 1092 mm　1/16
印　　张 / 14.5
字　　数 / 342 千字
定　　价 / 89.00 元

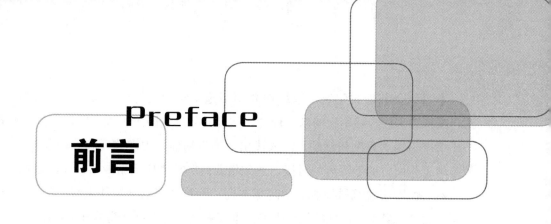

Preface
前言

　　"才者，德之资也。德者，才之帅也。"德是做人之本，德育是教育之魂，人才培养育才与育德是统一的整体，"德"之重要就在于它支配"才"的应用。高校的根本任务是育人，育于民族、国家、社会有益之人。工程的建设关乎人民群众切身利益，因此建设工程管理类的课程肩负着育德的重要使命，更应烙进中国特色社会主义的理念和精神信仰。

　　要求越来越高的建造标准展现了工程人的"才"和"德"。建设工程管理专业是培养当今及未来土木类人才的核心专业，兼具传递土木人担当能力、工匠精神、家国情怀等职业素养的重任，学生不仅要掌握扎实的专业知识，更要具备优良的职业素养。"装配式建筑施工组织"作为建设工程管理专业的核心课程，在课程体系中处于重要地位，主要研究如何组织现场合理施工能够获得最大的经济效益，它是其他核心课程的前续课程，是重要的铺垫，同时培养学生的创新能力、担当能力和工程意识。党的二十大精神强调创新驱动、绿色发展等理念，这些理念还要求学生懂得在工程项目规划、施工组织设计方案选择、资源利用等方面，都需要贯彻创新和绿色发展的理念。因此，"装配式建筑施工组织"课程在建设工程管理等专业的教育中发挥着重要的作用，而本教材的编写也重在探索实现相关专业的学生"才"和"德"、"创新"和"绿色"实现的路径，以提升课程的理论与实践互动为目标。

　　"装配式建筑施工组织"课程的实践性和操作性很强，要求理论与实践互动，建筑行业对本课程的要求也很高。大部分的学生在走向工作岗位后，都直接或间接地从事着施工组织工作，把课堂知识和工程项目结合起来，实现理论教学与就业的零距离对接。这不仅符合建设工程管理等专业高职高专层次的培养目标，也是学生的渴望，体现了培育人的"才"。把课堂教学和工程项目结合起来，使学生有志做对民族、国家、社会有益之人，也是人才"德"的实现路径。

　　施工组织设计是施工企业编制的一份集技术、经济、管理于一体的技术经济文件，"装配式建筑施工组织"课程最终的教学目标是使学生具有编制施工组织设计和相关技术标书的能力，通过对编制过程中知识的理解和融会贯通，让学生学习运用施工组织设计，掌握施工组织的过程，提高分析问题和解决问题的能力。新兴的装配式建筑、BIM在全国各地广泛应用，也需要施工组织设计将其施工方案纳入进来。

本书结合装配式建筑，系统地介绍了施工组织设计的有关概念、编制的内容和方法，按照"需要与够用"的基本理念，把复杂的理论融于工程实践，真正实现理实一体。

书中引用了案例和例题，深入浅出，通俗易懂，力求体现高等职业教育特色，实现教学与工作岗位的零距离的对接，达到培养高等技术应用型专门人才的目标。

本书由重庆建筑科技职业学院郑杰珂、陈耕和曹双平担任主编；重庆建筑科技职业学院王彦琦、吴思、傅佳担任副主编；重庆建筑科技职业学院洪丹、刘佳，天勤工程咨询有限公司孙敬涛，重庆工商职业学院王汁汁，苏交科重庆检验检测认证有限公司王祝胜参与编写。全书由曹双平统稿，新城控股集团股份有限公司副高级工程师秦宏主审。

本书编写过程中得到了各位领导的悉心指导和重庆建筑科技职业学院有关人员的大力支持，同时参考了相关专家和学者的著作，在此深表谢意！

由于编者水平有限，书中难免有不妥之处，恳请广大读者指正。

编　者

Contents
目录

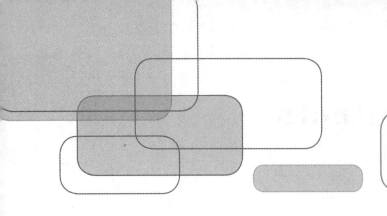

Contents

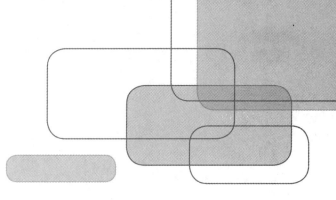

Contents

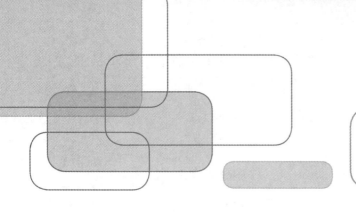

Contents

项目一

施工组织认知

转型升级，助力双碳计划

根据权威数据表明，近20年全球气温整体高于正常值，这是非常不容乐观的现象。如果人类持续目前的碳排量，到21世纪末，全球气温将升高超4℃，全球气候变暖导致的极端天气造成人类灾害频发等一系列问题在全球已经达成共识。在控制全球升温成为全球共识性议题的大背景下，中国作为世界最大的二氧化碳排放国，需要成为主动引领者，实施碳达峰、碳中和是我国树立大国形象、深化国际合作的重要抓手。

建筑领域是我国能源消费和碳排放的三大领域之一，具有巨大的碳减排潜力和市场发展潜力。近年来，建筑行业发展呈现三大趋势：一是装配式建筑成为主流新型建造方式，预计到2025年，全球装配式建筑市场规模将达到4 932亿美元。我国普及推广装配式建筑的一系列举措已在实施推进。按照相关要求，到2025年我国装配式建筑占新建建筑的比重将达到30％。二是建筑信息模型（BIM）极大提升建筑工程全生命周期质量和效率。建筑信息模型能够应用于工程项目规划、勘察、设计、施工、运营维护等各阶段，实现建筑全生命周期中各参与方在同一多维建筑信息模型基础上的数据共享，为产业链贯通、工业化建造和繁荣建筑创作提供技术保障。三是智能化施工装备研发力度加大。伴随着人类社会迈入智能动力时代，越来越多的智能装备应用于建筑工地，替代人去完成许多重复性和复杂性工作，极大提升了作业现场的效率和安全性。

知识目标

1. 了解施工组织设计的概念；
2. 熟悉施工组织设计的研究对象和任务；
3. 掌握施工组织设计的分类、编制原则及主要内容；
4. 掌握基本建设程序；
5. 熟悉装配式建筑的施工组织设计。

教学要求

1. 能够罗列出施工组织设计的类别和主要内容；
2. 能够罗列出基本建设程序，并标注出编制施工组织设计的时间。

重点难点

施工组织设计的作用、分类及主要内容。

思维导图

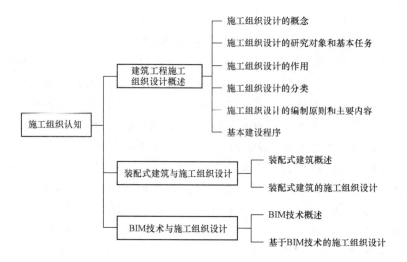

```
                                    ┌── 施工组织设计的概念
                                    ├── 施工组织设计的研究对象和基本任务
                   ┌─ 建筑工程施工  ├── 施工组织设计的作用
                   │  组织设计概述  ├── 施工组织设计的分类
                   │               ├── 施工组织设计的编制原则和主要内容
                   │               └── 基本建设程序
  施工组织认知 ────┤
                   │               ┌── 装配式建筑概述
                   ├─ 装配式建筑与施工组织设计
                   │               └── 装配式建筑的施工组织设计
                   │
                   └─ BIM技术与    ┌── BIM技术概述
                      施工组织设计  └── 基于BIM技术的施工组织设计
```

课件：施工组织认识

建筑业是我国国民经济的重要支柱产业，它与整个国家经济的发展、人民生活的改善有着密切的关系。但在经济新常态下，过去依托大规模基本建设与固定投资而快速发展的建筑业也面临瓶颈期，各种因素形成的合力将中国建筑产业推入现代化变革洪流中，建筑行业必须积极"转型升级"，才能赢得生存和空间。实施以信息化带动工业化战略，是改造和提升传统建筑行业的一个突破口，是中国建筑从"建造大国"走向"建造强国"的必经之路。而 BIM 技术与装配式建筑的完美结合更是为建筑产业转型、建筑业重新塑性，创新发展新模式带来无限机遇。

建筑施工与安装是工程建设全过程的重要组成部分，是建设过程中历时最长，耗用物资、财力及劳动力最多的一个阶段。要使施工过程顺利进行，达到预定目标，就必须用科学的方法进行施工管理。施工组织是根据批准的建设计划、设计文件（施工图）和工程承包合同，对土建工程任务从开工到竣工交付使用，所进行的计划、组织、控制等活动的统称。它对统筹建筑施工全过程、优化建筑施工管理及推动企业技术进步起到核心作用。

任务一　建筑工程施工组织设计概述

一、施工组织设计的概念

施工组织设计是用以指导施工组织与管理、施工准备与实施、施工控制与协调、资源配置与使用等全面性的技术、经济文件，是对施工活动的全过程进行科学管理的重要手段。通过编制施工组织设计文件，可以针对工程的特点，根据施工环境的各种具体条件，按照客观的规律施工。

二、施工组织设计的研究对象和基本任务

施工组织设计是以施工项目为对象编制的、用以指导施工的技术、经济和管理的综合性文件。若施工图设计是解决建造什么样的建筑物产品，那施工组织设计就是解决如何建造的问题。由于受建筑产品及其施工特点的影响，每个工程项目开工前，都必须根据工程特点与施工条件来编制施工组织设计。

施工组织设计的基本任务是根据国家有关技术政策、建设项目要求、施工组织的原则，结合工程的具体条件，确定经济合理的施工方案，对拟建工程在人力和物力、时间和空间、技术和组织等方面统筹安排，以保证按照既定目标，优质、低耗、高速、安全地完成施工任务。

三、施工组织设计的作用

总体的施工组织设计是实施建设项目的总的战略部署，如同作战的总体规划，对项目的建设起控制作用；单体的施工组织设计也就是某一个具体的建筑物的施工组织设计，对工程的施工起到指导作用。以上两者总称为建设项目的施工组织设计。

在工程建设的各个不同阶段，要提出相应的施工组织设计文件。其主要具有以下几个

方面的作用：

（1）指导工程投标与签订工程承包合同。

（2）既要体现拟建工程的设计和使用要求，又要符合建筑施工的客观规律实现基本建设计划的要求。施工组织设计是实现基本建设计划的要求，沟通工程设计与施工之间的桥梁。

（3）明确施工重点和影响工期进度的关键施工过程，并提出相应的技术、质量、文明、安全等各项生产要素管理的目标及技术组织措施，提高综合效益。

（4）保证各施工阶段的准备工作及时进行。

（5）协调各施工单位、各工种、各类资源、资金、时间等方面在施工程序、现场布置和使用上的相应关系。

四、施工组织设计的分类

根据建设工程各个不同阶段的规模、工程特点及工程的技术复杂程度等因素，可相应地编制不同深度与各种类型的施工组织设计。

1. 按编制阶段不同分类

施工组织设计根据阶段的不同可分为两类：一类是投标前编制的施工组织设计，即标前施工组织设计；另一类是签订工程承包合同后编制的施工组织设计，即标后施工组织设计。

（1）标前施工组织设计。标前施工组织设计又称投标性施工组织设计，是在投标前，由企业有关职能部门负责牵头，以招标文件为依据，为满足投标要求，以期达到签订施工合同的目的而编制。

（2）标后施工组织设计。标后施工组织设计又称实施性施工组织设计，是在签订合同后施工前，由项目经理负责牵头，在实施阶段以施工合同和标前施工组织设计为依据，为满足施工准备和施工需要的编制。

2. 按编制对象范围不同分类

施工组织设计根据编制对象范围的不同可分为施工组织总设计、单位工程施工组织设计和施工方案三类。

（1）施工组织总设计。施工组织总设计是以整个建设工程项目为对象（如一个工厂、一个机场），在初步设计或扩大初步设计阶段，对整个建设工程的总体战略部署；或以若干单位工程组成的群体工程或特大型项目为主要对象，对整个施工过程起统筹规划、重点控制作用的施工组织设计，是指导全局性施工的技术和经济纲要。

一般是在初步设计或扩大设计批准之后，由总承包单位的总工程师负责，会同建设单位、设计单位和分包单位的总工程师共同编制。

（2）单位工程施工组织设计。单位工程施工组织设计是指以单位工程为主要对象编制的施工组织设计，对单位工程的施工过程起指导和制约作用。单位工程施工组织设计是一个工程的战略部署，是宏观定性的，体现指导性和原则性的，是一个将建筑物的蓝图转化为实物的总文件，内容包含了施工全过程的部署、选定技术方案、进度计划及相关资源计划安排、各种组织保障措施，是对项目施工全过程的管理性文件。

单位工程施工组织设计是在施工图设计完成后，以施工图为依据，由工程项目的项目经理或主管工程师负责编制。

（3）施工方案。施工方案是针对施工难度较大或技术较复杂的分部（分项）工程，或采用新工艺、新技术的施工部分，或冬雨期施工等为对象编制，是专门的、更为详细的专业工程施工组织设计文件。

对于重点、难点分部（分项）工程和危险性较大的分部（分项）工程，施工前应编制专项施工方案；对于超过一定规模的危险性较大的分部（分项）工程，应当组织专家对专项方案进行论证。

一般在单位工程施工组织设计确定了施工方案后，由项目部技术负责人编制。

五、施工组织设计的编制原则和主要内容

1. 编制原则

在进行施工组织设计时，首先要认真贯彻党和国家对基本建设的各项方针和政策；严格遵守国家和合同规定的工程竣工及交付使用期限；合理安排工程开展顺序和施工顺序。建筑工程施工的特点之一是产品的固定性，因而，建筑施工在同一场地上同时或先后交叉进行。没有前一阶段的工作，后一阶段的工作就不能进行，同时，它们之间又是交错搭接进行，顺序反映客观规律要求，交叉则反映着施工过程争取时间的努力。因此，在编制施工组织设计的过程中必须遵循以下原则：

（1）重视工程组织对施工的作用；

（2）提高施工的工业化程度；

（3）重视管理创新和技术创新；

（4）重视工程施工的目标控制；

（5）积极采用国内外先进的施工技术；

（6）充分利用时间和空间，合理安排施工顺序，提高施工的连续性和均衡性；

（7）合理部署施工现场，实现文明施工。

2. 主要内容

各种类型施工组织设计的内容是根据建设工程的范围、施工条件及工程特点和要求来确定的。无论是何种类型的施工组织设计，都应该具备以下基本内容：

（1）建设项目的工程概况和施工条件。施工组织设计的第一部分要简要说明本建设项目的工程情况，有以下内容：

1）工程概况：占地面积、地质概况、建筑总面积、概（预）算价格等。

2）施工条件：项目地点、建设总工期、承包方式、分期分批交工计划、承建单位的现有条件、运输条件、主要建筑材料供应情况及工程开工还需解决的主要问题。

对上述情况要进行必要的分析，并应考虑如何在施工组织设计中做相应的处理。

（2）施工部署及主要建筑物或构筑物的施工方案。施工部署是根据工程情况，结合人力、材料、机械设备、资金、施工方法等条件，对整个建设项目进行的统筹规划和全面安排；施工方案是单位工程或分部工程中某些施工方法的分析。例如，某现浇钢筋混凝土框架的施工，可以列举若干种施工方案，对这些施工方案耗用的人工、材料、机械、费用及

工期等在合理组织的条件下，进行技术经济分析，从中选择最优方案。

（3）施工进度计划。施工进度计划是根据施工部署和施工方案，对全工地的所有工程项目做出时间上的安排。其作用是确定各个建筑物及其主要工种、工程、准备工作和全工地性工程的施工期限及其开工和竣工的日期，从而确定施工现场的劳动力、材料、施工机械的需要量和调配情况，以及现场临时设施的数量、水电供应数量和能源、交通工具的需要数量等。

（4）全场性施工总平面图设计。施工总平面图就是将建设区域内原有的和拟建的地上或地下的建筑物、构筑物、道路、管道及施工时的材料仓库、运输线路、附属生产企业、给水、排水、供电及临时建筑物等绘制在一张图纸上。它是一个具体指导现场施工的空间部署方案，对于指导现场进行有组织、有计划的文明施工，具有重大的意义。

（5）施工组织设计的主要技术经济指标。技术经济指标用来衡量组织施工的水平，是对施工组织设计文件的技术经济效益进行全面评价。

（6）保证工程质量和安全的技术措施。结合本工程的具体情况拟订出保证工程质量的技术措施和安全施工的安全措施，是施工组织设计必须考虑的内容。

六、基本建设程序

基本建设程序是对建设项目从酝酿、规划到建成投产所经历的整个过程中的各项工作开展先后顺序的规定。它反映工程建设各个阶段之间的内在联系，是从事建设工作的各有关部门和人员都必须遵守的原则。基本建设程序是建设项目从筹划建设到建成投产必须遵循的工作环节及其先后顺序。

（1）编制项目建议书。对建设项目的必要性和可行性进行初步研究，提出拟建项目的轮廓设想。

（2）开展可行性研究和编制设计任务书。具体论证和评价项目在技术上和经济上是否可行，并对不同方案进行分析比较；可行性研究报告可作为设计任务书（也称计划任务书）的附件。设计任务书对是否执行这个项目，采取什么方案，选择什么建设地点做出决策。

（3）设计。从技术上和经济上对拟建工程做出详尽规划。大中型项目一般采用两段设计，即初步设计与施工图设计。技术复杂的项目可增加技术设计，按三阶段进行。

（4）建设准备。建设准备包括征地拆迁，搞好"三通一平"（通水、通电、通道路、平整土地），落实施工力量，组织物资订货和供应，以及其他各项准备工作。

（5）组织施工。准备工作就绪后，提出开工报告，经过批准，即开工兴建；遵循施工程序，按照设计要求和施工技术验收规范，进行施工安装。

（6）生产准备。生产性建设项目开始施工后，及时组织专门力量，有计划有步骤地开展生产准备工作。

（7）验收投产。按照规定的标准和程序，对竣工工程进行验收（见基本建设工程竣工验收），编制竣工验收报告和竣工决算（见基本建设工程竣工决算），并办理固定资产交付生产使用的手续。小型建设项目的建设程序可以简化。

（8）项目后评价。项目完工后对整个项目的造价、工期、质量、安全等指标进行分析评价或与类似项目进行对比。

1. 简述施工组织设计的研究对象和基本任务。

2. 简述基本建设程序。

3. 建设准备阶段的任务有什么？

4. 学习心得及总结：

任务二　装配式建筑与施工组织设计

一、装配式建筑概述

随着现代工业技术的发展，建造房屋可以像机器生产那样，成批成套地制造。只要把预制好的房屋构件，运送到工地装配起来即可。装配式建筑在 20 世纪初就开始引起人们的兴趣，到 20 世纪 60 年代终于实现，英、法、苏联等国家首先做出了尝试。由于装配式建筑的建造速度快，且生产成本较低，因而迅速在世界各地推广。

早期的装配式建筑外形比较呆板，千篇一律。后来人们在设计上做了改进，增加了灵活性和多样性，使装配式建筑不仅能够成批建造，而且样式丰富。

1. 装配式建筑的概念

装配式建筑简称 PC，可以简单地理解为利用工厂化的方式来加工生产建筑构件，然后运输到现场，在现场进行组装浇筑完成的建筑。装配式建筑具有功效高、现场施工污染小的特点。它的发展与建筑业的绿色化及产业化发展紧密相关。装配式建造模式能有效地将施工生产的全过程与完整的工业系统连接起来，形成建筑设计、生产、施工、管理一体化的生产组织形式，完成从传统的生产模式向现代工业模式的转变，从而全面提高建设项目的质量和效率。装配式建筑可分为两部分：一部分是构件生产；另一部分是构件组装，装配完成整个建筑。因此，建筑行业的转型就是建筑构件向产业化方式转型，施工方式向集成化方式转型。

2. 装配式建筑的特点

（1）功能多样化。通过现场大量的装配作业，使得现场现浇作业大大减少，可以显著提高劳动生产率。从功能上看，装配式建筑外墙设计有保温的功能，能够使住户在冬天的时候感觉到温暖，在夏天的时候感觉到清凉。

（2）施工装配化。装配式建筑大量的构件都是由工厂生产加工完成，民用建筑、装修一体化设计、施工等程序，装修可随主体施工在工厂完成，既保证了装修质量，又能加快工程整体进度。

由于装配式建筑的重量比传统的建筑更为轻便，只要画好基本的构造图便可以直接在工地上进行施工。由于其施工速度非常快，因此工作效率也提高很多。

（3）设计多样化。装配式建筑更符合绿色建筑的要求而且设计的标准化和管理的信息化程度更高，配合工厂的数字化管理，整个装配式建筑的性价比会越来越高。

而且目前的建筑在设计上多以房间内的固定格局为主，房屋的整体运用不是很灵活，但装配式建筑却可以避免这样的缺点，其主要住宅可以进行大小分割，根据住户的要求来配置。

二、装配式建筑的施工组织设计

装配式建筑与传统现浇建筑在施工方面最大的不同是装配式建筑的施工可分为三个阶

段，即工厂设计及生产、构件运输及堆放、现场安装。因此，施工组织设计应从这三个阶段综合考虑，提高施工进度。

在对装配式建筑进行施工组织设计时，应充分考虑装配式建筑计划安排与传统现浇结构的不同，应充分考虑生产厂家的预制构件及其他材料的生产能力，并应对所需预制构件及其他部品提前60天以上同生产厂家沟通并订立合同，分批加工采购，应充分预测预制构件及其他部品运抵现场的时间，编制施工进度计划，科学控制施工进度，合理安排计划，合理使用材料、机械、劳动力等，动态控制施工成本费用。

每楼层施工进度应对预制构件安装和现浇混凝土科学合理有序穿插进行，单位工程预制率不够高时。可采用流水施工，预制率较高时，以预制构件吊装安装工序为主安排施工计划，使相应专业操作班组之间实现最大限度的搭接施工。

装配式建筑工程现场施工的实际情况表明，BIM技术具有提升施工效率、减少施工浪费和提升管理控制效率的作用。三维BIM模型可以借助模拟施工的方式，完成施工顺序及施工要点、难点的技术交底，以避免抽象的二维图纸表现形式而导致的施工偏差。在装配式建筑工程施工组织设计方面，人们可以借助BIM信息模型了解工程施工环节的施工进度与材料实际用量，以此来制订科学化、完善化的材料消耗量计划。对于项目管理人员而言，他们可以借助BIM技术，对施工项目进行实时了解，也可以根据BIM信息模型所提供的现场信息，对人员的调动机制、资源匹配模式等内容进行及时的调控。

任务实训

1. 什么是装配式建筑？

_____

2. 装配式建筑的特点有哪些？

_____

3. 如何进行装配式建筑施工组织？

_____

4. 学习心得及总结：

_____

_____

_____

_____

任务三 BIM 技术与施工组织设计

一、BIM 技术概述

BIM 技术推动了建筑行业信息化发展的步伐，它在建筑工程的建设施工管理中发挥着重要的作用，也成为建筑工程施工管理的重要手段，建立在建筑信息模型（BIM）基础上的施工组织设计形式，可以使装配式建筑施工过程中出现的问题得到有效解决。

1. BIM 技术的概念

BIM（Building Information Modeling）即建筑信息模型。BIM 是以三维数字技术为基础，集成了建筑工程项目各种相关信息的工程数据模型，BIM 是对工程项目设施实体与功能特性的数字化表达。一个完善的信息模型，能够连接建筑项目生命期不同阶段的数据、过程和资源，是对工程对象的完整描述，可被建设项目各参与方普遍使用。

2. BIM 技术的特点

（1）模型信息的完备性。BIM 技术除对工程对象进行 3D 几何信息和拓扑关系的描述，还包括完整的工程信息描述，如对象名称、结构类型、建筑材料、工程性能等设计信息；施工工序、进度、成本、质量及人力、机械、材料资源等施工信息；工程安全性能、材料耐久性能等维护信息；对象之间的工程逻辑关系等。

（2）模型信息的关联性。建筑信息模型中的对象是可识别且相互关联的，系统能够对模型的信息进行统计和分析，并生成相应的图形和文档。如果模型中的某个对象发生变化，与之关联的所有对象都会随之更新，以保持模型的完整性。

（3）模型信息的一致性。在建筑生命期的不同阶段模型信息是一致的，同一信息无须重复输入，而且信息模型能够自动演化，模型对象在不同阶段可以简单地进行修改和扩展而无须重新创建，避免了信息不一致的错误。

二、基于 BIM 技术的施工组织设计

在基于 BIM 技术的施工组织设计中，施工过程中所涉及的进度、成本和质量等因素可以被附加在三维 BIM 模型之中，由此构建的 BIM 可以在建设工程项目的现场施工管理阶段为管理人员提供完整的 BIM 信息链，从而使施工管理人员在施工组织设计的制定阶段完成资源的整合，为管理信息流通提供保障。

基于 BIM 技术的特点，根据建筑施工项目的实际情况，相关人员在施工组织设计的构建阶段需要遵循协同化、集成化、专业化、网络化等原则。

特别是装配式建筑，由于装配式建筑的施工现场与装配式建筑材料的生产现场之间具有彼此联系的特点，在施工组织设计构建环节注重协同化原则，可以让两者之间的协调难度得到有效降低。在施工组织设计编制阶段注重集成化管理形式的渗透，可以为建筑工程现场管理制度决策提供一定的依据。建筑工程的施工组织计划与工程的进度、成本及质量等因素之间有着较为密切的联系，专业化原则在装配式建筑施工组织设计领域的渗透，可

以使装配式建筑工程的现场施工管理体系得到完善。网络化原则在装配式施工组织设计领域的渗透，是建筑施工组织设计顺应信息时代发展的表现。

在基于 BIM 的装配式建筑施工组织中，项目经理、现场 BIM 总负责人、项目总工程师、施工员和质量员等职位成为施工管理工作中的关键职位。其中，项目经理需要对整个项目负责，在实际施工现场与 BIM 模拟施工现场之间发挥着重要的沟通作用。现场 BIM 总负责人主要对 BIM 小组的工作成果负责，在施工管理过程中具有确定 BIM 小组成员责、权、利的职责。在 BIM 模型的构建过程中，现场 BIM 总负责人也需要发挥自身的监督作用及指导作用。在对现场施工阶段出现的问题进行汇总以后，项目总工程师需要及时对已经发现的问题进行上报，并要对装配式建筑材料装配现场出现的施工质量问题和安全问题进行及时记录。施工员在日常工作中既需要及时了解 BIM 系统的操作要领，也需要具有熟练应用 BIM 客户端的能力，在利用 BIM 软件客户端进行三维技术交底的同时，他们也需要具有利用这一设备开展现场管理的能力。

基于 BIM 技术的装配式建筑施工组织设计形式可以在提升建筑工程管理水平和投资效益的基础上，促进传统工程信息处理模式的优化。

任务实训

1. BIM 技术的特点有哪些？

_____

_____

_____

_____

2. 基于 BIM 技术，如何进行施工组织？

_____

_____

_____

_____

3. 学习心得及总结：

_____

_____

_____

_____

_____

项目小结

本项目着重讲述了施工组织设计概述、装配式建筑与施工组织设计与BIM技术和施工组织设计。

(1) 施工组织设计是用以指导施工组织与管理、施工准备与实施、施工控制与协调、资源配置与使用等全面性的技术、经济文件，是对施工活动的全过程进行科学管理的重要手段，是工程管理不可缺少的管理措施。

(2) 装配式建筑是指把传统建造方式中的大量现场作业工作转移到工厂进行，在工厂加工制作好建筑用构件和配件（如楼板、墙板、楼梯、阳台等），运输到建筑施工现场，通过可靠的连接方式在现场装配安装而成的建筑。装配式建筑施工组织设计应从工厂设计及生产、构件运输及堆放、现场安装三个阶段综合考虑，提高施工效率。

(3) BIM技术是一种应用于工程设计、建造、管理的数据化工具，在BIM技术的基础上进行施工组织设计，可以将施工过程中所涉及的进度、成本和质量等因素附加在三维BIM模型之中，由此可达到提高生产效率、节约成本和缩短工期等目的。

测试

班级：_____　　姓名：_____　　成绩：_____

1. 编制施工组织设计的原则。（20分）

_____

_____

2. 什么是施工进度计划？（20分）

_____

_____

3. 项目后评价的内容包括什么？（30分）

_____

_____

4. 如何基于BIM技术做装配式建筑的施工组织设计？（30分）

_____

_____

📖 **总结**

_____

_____

项目二

施工组织准备

提前做好准备，工程事半功倍

某商业综合体项目，包括一栋商场和一栋写字楼，总建筑面积为10万平方米。在施工准备阶段完成了以下具体的工作内容：

（1）场地准备：对施工现场进行三通一平，包括拆除现场的建筑物、清理垃圾和障碍物，并进行土地平整。同时，修建临时道路，确保运输畅通。

（2）测量和定位：对现场进行测量和定位，确定施工区域的坐标和标高，绘制施工平面图。这些工作是为了确保施工的准确性和安全性。

（3）临时设施建设：根据施工平面图，搭建临时设施，包括办公用房、职工宿舍、食堂、厨房、厕所等。同时，还要铺设供电线路，包括电源线路和现场照明线路，以满足施工中的用电需求。

（4）设备和材料准备：根据施工图纸和技术要求，采购和储存建筑材料，如水泥、砂、石、钢筋等。同时，还要购买或制作施工所需要的设备和工具，如塔式起重机、升降机、脚手架、模板、钢筋加工机等。这些设备和材料是施工顺利进行的基础。

（5）人员组织：根据工程项目的需求，组织和管理施工人员。其中包括管理人员、技术人员、特殊工种等。同时，还要进行安全培训和教育，确保施工过程的安全性。

（6）图纸和技术资料准备：获取设计图纸等施工图及其他施工依据技术资料。进行图纸交底、会审，以确保施工过程中的技术交流和理解。

（7）预算和资金计划：根据工程项目的规模和要求，制订施工预算和材料采购计划。同时，还要确定资金来源和审批流程，以确保项目资金的及时供应。

（8）手续办理：在施工前，需要与相关部门办理施工许可证、环保、市政、排水等手续。这些手续是确保施工顺利进行的重要保障。

以上是该商业综合体项目施工准备阶段的一部分具体工作内容。该项目在具体实施过程中，这些工作按照一定的顺序和计划有序高效地进行，确保了项目施工的顺利开展，从而也保证了商业综合体项目的质量要求。

知识目标

1. 了解施工准备工作的意义、要求和分类；
2. 掌握施工准备工作的内容；
3. 了解施工准备工作计划；
4. 了解开工报告的相关内容。

教学要求

能够独立分析工程项目施工准备工作的具体内容。

重点难点

工程项目施工准备内容的收集、整理及分析。

思维导图

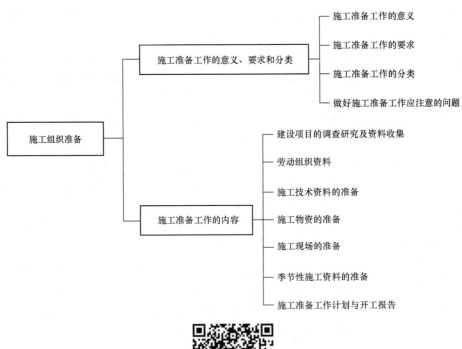

课件：施工组织准备

施工准备工作是指工程施工前所做的一切工作，是基本建设工作的主要内容，是建筑工程施工的重要阶段。它不仅在开工前要做，开工后也要做，它有组织、有计划、有步骤、分阶段地贯穿于整个工程建设的始终。施工准备工作能够创造有利的施工条件，保证施工能又快、又好、又省地实施。认真细致地做好施工准备工作，对充分发挥各方面的积极因素，合理利用资源，加快施工速度、提高工程质量、确保施工安全、降低工程成本及获得较好经济效益都起着重要的作用。对于一个好的工程项目来说，前期的施工准备工作显得尤为重要。因为它是工程建设能够顺利完成的战略措施和重要前提。

任务一　施工准备工作的意义、要求和分类

一、施工准备工作的意义

施工准备工作是为了保证工程顺利开工和施工活动正常进行而必须事先做好的各项准备工作。它是施工程序中的重要环节，不仅存在于开工之前，而且贯穿于整个施工过程之中。为了保证工程项目顺利地进行施工，必须做好施工准备工作。做好施工准备工作具有以下意义。

1. 遵循建筑施工程序

现代工程施工大多是十分复杂的生产活动，其技术规律和社会主义市场经济规律要求工程施工必须严格按照建筑施工程序进行。只有认真做好施工准备工作，才能取得良好的建设效果。

2. 降低施工的风险

做好施工准备工作，是取得施工主动权、降低施工风险的有力保障。就工程项目施工的特点而言，其生产受外界干扰及自然因素的影响较大，因而，施工中可能遇到的风险就多。只有根据周密的分析和多年积累的施工经验，采取有效的防范控制措施，充分做好施工准备工作，加强应变能力，才能有效地降低风险损失。

3. 创造工程开工和顺利施工条件

工程项目施工中不仅涉及广泛的社会关系，而且还要处理各种复杂的技术问题，协调各种配合关系，因而，需要通过统筹安排和周密准备，才能使工程顺利开工，才能提供足够的各方面条件保证开工后的顺利施工。

4. 提高企业的经济效益

做好施工准备工作，是降低工程成本、提高企业综合经济效益的重要保证。认真做好工程项目施工准备工作，能充分调动各方面的积极因素，合理组织资源，加快施工进度，提高工程质量，降低工程成本，增加企业经济效益，赢得企业社会信誉，实现企业管理现代化，从而提高企业的经济和社会效益。

5. 推行技术经济责任制

施工准备工作是建筑施工企业生产经营管理的重要组成部分。现代企业管理的重点是生产经营，而生产经营的核心是决策。因此，施工准备工作作为生产经营管理的重要组成

部分，主要对拟建工程目标、资源供应和施工方案及其空间布置和时间排列等诸方面进行选择和施工决策，有利于施工企业搞好目标管理，推行技术经济责任制。

实践证明，施工准备工作的好与坏，将直接影响建筑产品生产的全过程。凡是重视和做好施工准备工作，积极为工程项目创造一切有利施工条件的，则该工程能顺利开工，取得施工的主动权；同时，还可以避免工作的无序性和资源的浪费，有利于保证工程质量和施工安全，提高效益。如果违背施工程序，忽视施工准备工作，或工程仓促开工，必然在工程施工中受到各种矛盾掣肘，处处被动，以致造成重大的经济损失。

二、施工准备工作的要求

（1）施工准备工作应该有组织、有计划、分阶段、有步骤地进行。

1）建立施工准备工作的组织机构，明确相应的管理人员；

2）编制施工准备工作计划表，保证施工准备工作按计划落实。

将施工准备工作按工程的具体情况划分为开工前、地基基础工程、主体工程、屋面与装饰装修工程等时间区段、分期分阶段、有步骤进行。可为顺利进行下一阶段的施工创造条件。

（2）建立严格的施工准备工作责任制及相应的检查制度。由于施工准备工作项目多、范围广，时间跨度长，因此必须建立严格的责任制，按计划将责任落实到有关部门及个人，明确各级技术负责人在施工准备中应负的责任，使各级技术负责人认真做好施工准备工作。在施工准备工作实施过程中，应定期进行检查，可按周、半月、月进行检查，主要检查施工准备工作计划的执行情况。

（3）坚持按基本建设程序办事，严格执行开工报告制度。依据《建设工程监理规范》（GB/T 50319—2013）的有关要求，工程项目开工前，当施工准备工作情况达到开工条件要求时，应向监理工程师报送工程开工报审表及开工报告等有关资料，由总监理工程师签发，并报建设单位后，在规定的时间内开工。

（4）施工准备工作必须贯穿施工全过程。施工准备工作不仅要在开工前集中进行，而且工程开工后，也要及时全面地做好各施工阶段的准备工作，贯穿在整个施工过程中。

（5）施工准备工作要取得各协作单位的友好支持与配合。由于施工准备工作涉及面广，因此，除施工单位自身努力做好外，还要取得建设单位、监理单位、设计单位、供应单位、银行、行政主管部门、交通运输等单位的协作及相关单位的大力支持，以缩短施工准备工作的时间，争取早日开工。做到步调一致，分工负责，共同做好施工准备工作。

三、施工准备工作的分类

1. 按工程项目施工准备工作的范围不同分类

按工程项目施工准备工作的范围不同，一般可分为全场性施工准备、单项（或单位）工程施工条件准备和分部（分项）工程作业条件准备三种。

（1）全场性施工准备是以整个建设项目为对象而进行的统一部署的施工准备，它的作用是为整个建设项目的顺利施工创造条件，即为总的施工做好准备。它不仅要为全场性的施工活动创造有利条件，而且要兼顾单位工程施工条件的准备。

（2）单项（或单位）工程施工条件准备是以建设一栋建筑物或构筑物为对象而进行的施工条件准备工作。它的作用是为单项（或单位）工程施工服务，不仅要为单项（或单位）工程在开工前做好一切准备，而且要为分部工程做好施工准备工作。

（3）分部（分项）工程作业条件准备是以一个分部（分项）工程或冬雨期施工为对象而进行的作业条件准备。

2. 按拟建工程所处的施工阶段的不同分类

按拟建工程所处的施工阶段不同，一般可分为开工前的施工准备和各施工阶段前的施工准备两种。

（1）开工前的施工准备是在拟建工程正式开工之前所进行的一切施工准备工作。其目的是为拟建工程正式开工创造必要的施工条件。它既可能是全场性的施工准备，又可能是单位工程施工条件的准备。

（2）各施工阶段前的施工准备是在拟建工程开工之后，每个施工阶段正式开工之前所进行的一切施工准备工作。其目的是为施工阶段正式开工创造必要的施工条件。如混合结构的民用住宅的施工，一般可分为地下工程、主体工程、装饰工程和屋面工程等施工阶段，每个施工阶段的施工内容不同，所需要的技术条件、物资条件、组织要求和现场布置等方面也不同，因此，在每个施工阶段开工之前，都必须做好相应的施工准备工作。

综上所述，不仅在拟建工程开工之前需要做好施工准备工作，而且随着工程施工的进展，在各施工阶段开工之前也要做好施工准备工作。施工准备工作既要有阶段性，又要有连贯性，因此，施工准备工作必须要有计划、有步骤、分期地和分阶段地进行，要贯穿拟建工程整个生产过程的始终。

四、做好施工准备工作应注意的问题

（1）为了落实各项施工准备工作，加强检查和监督，必须根据各项施工准备工作的内容、时间和人员，编制出施工准备工作计划。施工准备工作计划表可参照表 2.1。

表 2.1　施工准备工作计划表

序号	施工准备项目	工作内容	要求	负责单位及具体落实者	涉及单位	要求完成时间	备注
1							
2							
3							

由于各准备工作之间有相互依存的关系，除用上述表格编制施工准备工作计划外，还可采用编制施工准备工作网络计划的方法，以明确各项准备工作之间的关系，找出关键路线，确定关键工作，并在网络计划图上进行施工准备期的调整，尽量缩短准备工作的时间，使各项工作有领导、有组织、有计划和分期分批地进行。

（2）由于施工准备工作涉及的范围广、项目多，因此必须有严格的责任制度。把施工准备工作的责任落实到有关部门和个人，以保证施工准备工作的顺利进行。现场施工准备工作应由项目经理部全权负责。

（3）在施工准备工作实施过程中，可采用实际与计划进行对比的方法定期进行检查；

也可以由相关单位和人员在一起开会，检查施工准备工作情况，当场分析产生问题的原因，提出解决问题的办法。后一种方法见效快，解决问题及时，现场采用较多。

（4）当施工准备工作按照要求完成到具备开工条件后，项目经理部应申请开工报告，报企业领导审批后方可开工。实行建设监理的工程，企业还应将开工报告送监理工程师审批，由监理工程师签发开工通知书，在限定时间内开工，不得拖延。

（5）施工开展顺利与否，主要看施工准备工作的及时性和完善性。因此，企业各职能部门要面向施工现场，像重视施工活动一样重视施工准备工作，及时解决施工准备工作中的各种问题，以提供工程施工的保证条件。项目经理应十分重视施工准备工作，加强施工准备工作的计划性，及时做好协调、平衡工作。

任务 实训

1. 试述施工准备工作的意义。

_____

_____

_____

_____

2. 简述施工准备工作的种类和主要内容。

_____

_____

_____

_____

3. 学习心得及总结：

_____

_____

_____

_____

_____

_____

_____

任务二　施工准备工作的内容

每项工程施工准备工作的内容，视该工程本身及其具备的条件而异。有的比较简单，有的十分复杂。如只有一个单项工程的施工项目和包含多个单项工程的群体项目；一般小型项目和规模庞大的大中型项目，新建项目和改、扩建项目；在未开发地区兴建的项目和在已开发的所需各种条件已具备的地区兴建的项目等，都因工程的特殊需要和特殊条件而对施工准备工作提出各不相同的具体要求。

施工准备工作要贯穿整个施工过程，根据施工顺序的先后，有计划、有步骤、分阶段进行。按准备工作的性质，大致归纳为工程原始资料、技术资料、施工现场、物资、施工人员、季节施工等多个方面工程资料的收集和准备。

一、建设项目的调查研究及资料收集

建筑工程施工设计的单位多、内容广、情况多变、问题复杂。因此，要求编制施工组织设计的人员必须做好调查研究，熟悉当地条件，了解实际情况，收集原始资料和参考资料，掌握充分的信息，特别是定额信息及建设单位、设计单位、施工单位的有关信息。编制出一个符合当地实际情况、切实可行、质量较高的施工组织设计。

1. 项目原始资料的收集调查

原始资料的调查主要是对工程条件、工程环境特点和施工条件等施工技术与组织的基础资料进行调查，调查的范围、内容、要求等，应根据拟建工程的规模、性质、复杂程度、工期及对当地熟悉了解程度而定。调查工作应有计划、有目的地进行，事先要拟订明确详细的调查提纲。

为确保项目的顺利施工，更好地编制施工组织设计，首先应向建设单位、勘察设计单位收集工程地质、水文勘察资料，地形测量图，初步设计或扩大初步设计及工程规划资料，工程规模、性质、建筑面积、投资等资料。其次向当地气象台（站）调查有关气象资料，并向当地有关部门、单位收集当地政府的有关政策、规定及建设工程的提示，了解社会协议书，了解劳动力、运输能力和地方建筑材料的生产能力等。

（1）施工现场的调查。施工现场的调查主要是了解建设地点的地形、地貌、水文、气象及场址周围环境和障碍物情况等，包括工程的建设规划图，建设地区区域地形图，场地地形图，控制桩与水准基点的位置及现场地形、地貌特征等资料。这些资料一般可作为设计施工平面图的依据。也可作为确定施工方法和技术措施的依据，建设场地勘察的调查内容和目的见表2.2。

表 2.2　建设场地勘察的调查内容和目的

项目	调查内容	调查目的
气温	年平均最高、最低温度，最冷、最热月份的逐日平均温度 冬、夏季室外计算温度 ≤−3 ℃、0 ℃、5 ℃的天数、起止时间	确定防暑降温的措施 确定冬期施工措施 估计混凝土、砂浆强度

项目	调查内容	调查目的
雨（雪）	雨（雪）季起止时间 月平均降雨（雪）量、最大降雨（雪）量、一昼夜最大降雨（雪）量 全年雷暴日数	确定雨期施工措施 确定工地排水、预洪方案 确定工地防雷设施
风	主导风向及频率（风玫瑰图） ≥8级风的全年天数、时间	确定临时设施的布置方案 确定高空作业及吊装的技术安全措施
地形	区域地形图：1∶10 000～1∶25 000 工程位置地形图：1∶1 000～1∶2 000 该地区城市规划图 经纬坐标桩、水准基桩位置	选择施工用地 布置施工总平面图 场地平整及土方量计算 了解障碍物及其数量
地质	钻孔布置图 地质剖面图：土层类型、厚度 物理力学指标：天然含水量、孔隙率、塑性指数、渗透系数、压缩试验及地基土强度 底层的稳定性：断层滑块、流沙 最大冻结深度 地基土破坏情况，钻井、古墓、防空洞及地下构筑物	土方施工方法的选择 地基土的处理方法 基础施工方法 复核地基基础设计 拟订障碍物拆除方案
地震	地震等级	确定对基础影响、注意事项
地下水	最高、最低水位及时间 水的流速、流向、流量 水质分析，水的化学成分 抽水试验	基础施工方案选择 降低地下水的方法 拟订防止侵蚀性介质的措施
地面水	邻近江河湖泊距工地的距离 洪水、平水、枯水期的水位、流量及航道深度 水质分析 最大、最小冻结深度及冻结时间	确定临时给水方案 确定施工运输方案 确定水工工程施工方案 确定工地防洪方案

（2）周围环境及障碍物的调查。周围环境及障碍物的调查内容通过实地踏勘，并向建设单位、设计单位等调查取得，包括施工区域和附近的现有建筑物（构筑物）的基础情况、结构类型和建筑物（构筑物）现状；附近的沟渠、水井、古墓、文物古迹、树木、电力架空线路、人防工程、地下管线、枯井等资料。这些资料可作为布置现场施工平面的依据，同时，可作为选择施工方案的依据。

2. 当地社会生产力、社会劳动力及其生活条件的收集

（1）周围地区能为施工利用的房屋类型、面积、结构、位置、使用条件和满足施工需要的程度。附近主副食供应、医疗卫生、商业服务条件，公共交通、邮电条件，消防治安机构的支援能力，这些调查对于在新开发地区施工特别重要。

（2）附近地区机关、居民、企业分布状况及作息时间、生活习惯和交通情况。施工时吊装、运输、打桩、用火等作业所产生的安全问题、防火问题，以及振动、噪声、粉尘、有害体、垃圾、泥浆、运输散落物等对周围人们的影响及防护要求，工地内外绿化、文物古迹的保护要求等。建设地区社会劳动力和生活设施调查可参照表 2.3 进行。

表 2.3　建设地区社会劳动力和生活设施调查表

序号	项目	调查内容	调查目的
1	社会劳动力	少数民族地区的风俗习惯 当地能提供的劳动力人数，技术水平和来源 上述人员的生活安排	拟订劳动力计划 安排临时设施
2	房屋设施	必须在工地居住的单身人数和户数 能作为施工用的现有的房屋栋数、每栋面积、结构特征，总面积、位置，水、暖、电、卫设备状况 上述建筑物的适宜用途，用作宿舍、食堂、办公室的可能性	确定现有房屋为施工服务的可能性 安排临时设施
3	周围环境	主副食品供应，日用品供应，文化教育，消防治安等机构为施工提供的支援能力 邻近医疗单位至工地的距离，可能就医的情况 当地公共汽车、邮电服务情况 周围是否存在有害气体、污染情况，有无地方病	安排职工生活基地，解除后顾之忧

3. 交通运输资料的收集

为了更好地组织施工运输业务、选择运输方式，应调查主要材料及构件运输通道情况，包括道路、街巷及途经桥涵的宽度、高度，允许载重量和转弯半径限制等。有超长、超重、超高或超宽的大型构件、大型起重机械和生产工艺设备需整体运输时，还要调查沿途架空电线，特别是横在道路上空的无轨电车线、天桥的高度，并与有关部门商谈避免大件运输对正常交通干扰的路线、时间及措施等。建设地区交通调查的内容和目的见表 2.4。

表 2.4　建设地区交通调查的内容和目的

序号	项目	调查内容	调查目的
1	铁路	邻近铁路专用线、车站至工地的距离及沿途运输条件 站场卸货长度，起重能力和储存能力 装载单个货物的最大尺寸、重量的限制 运费、装卸费和装卸力量	
2	公路	主要材料产地至工地的公路等级，路面构造宽度及完好情况，允许最大载重量；途经桥涵等级，允许最大载重量 当地专业运输机构及附近村镇能提供的装卸、运输能力，汽车、畜力、人力车的数量及运输效率，运费、装卸费 当地有无汽车修配厂，修配能力及至工地距离	选择施工运输方式 拟订施工运输计划
3	航运	货源、工地至邻近河流、码头渡口的距离，道路情况 洪水、平水、枯水期时，通航的最大船只及号位，取得船只的可能性 码头装卸能力，最大起重量，增设码头的可能性 渡口的渡船能力，同时可载汽车、马车数，每日次数，能为施工提供的能力 运费、渡口费、装卸费	

4. 给水排水、供电等资料的收集

（1）收集当地给水排水资料。为了确保工程施工的给水排水情况，应调查施工现场用水与当地现有水源连接的可能性、供水能力、接管距离、地点、水压、水质及水费等资料。若当地现有水源不能满足施工用水要求，则要调查附近可作为施工生产、生活、消防用水的地面水，或地下水源的水质、水量、取水方式、距离等条件。还要调查利用当地排水设施排水的可能性、排水距离、去向等资料。

（2）收集供电资料。为了确保工程施工过程中的正常用电，应调查可供施工使用的电源位置、引入工地的路径和条件，可以满足的容量、电压及电费等资料，或建设单位、施工单位自有的发变电设备、供电能力。

（3）收集供热、供气资料。为了保证工程施工的供热、供气，应调查冬期施工时附近蒸汽的供应量、接管条件和价格；建设单位自有的供热能力，当地或建设单位可以提供的煤气、压缩空气、氧气的能力和它们到工地的距离等资料。

建设地区能源调查的内容和目的见表 2.5。

表 2.5　建设地区能源调查的内容和目的

序号	项目	调查内容	调查目的
1	供排水	1. 工地用水与当地现有水源连接的可能性、可供水量，接管地点、管径、材料、埋深，水压、水质及水费，至工地距离，沿途地形、地物状况。 2. 自选临时江河水源的水质、水量，取水方式、至工地距离，沿途地形、地物状况，自选临时水井的位置、深度、管径、出水量和水质。 3. 利用永久性排水设施的可能性，施工排水的去向、距离和坡度，有无洪水影响，防洪设施状况	1. 确定施工及生活供水方案。 2. 确定工地排水方案和防洪设施。 3. 拟订供水排水设施的施工进度计划
2	供电与电信	1. 当地电源位置，引入的可能性，可供电的容量、电源、导线截面和电费，引入方向，接线地点及其至工地距离，沿途地形、地物状况。 2. 建设单位和施工单位自有的发电、变电设备的型号、台数和容量。 3. 利用领进电信设施的可能性，电话、电报局等至工地的距离，可能增设电信设备、线路的情况	1. 确定施工供电方案。 2. 确定施工通讯方案。 3. 拟订供电、通信设备的施工进度计划
3	蒸汽等	1. 蒸汽来源，可供蒸汽量，接管地点、管径、深埋，至工地距离，沿途地形、地物状况，蒸汽价格。 2. 建设、施工单位自有锅炉的型号、台数和能力，所需燃料和水质标准。 3. 当地或建设单位可能提供的压缩空气、氧气的能力，至工地距离	1. 确定施工及生活用气的方案。 2. 确定压缩空气、氧气的供应计划

5. 有关材料、资料的收集

（1）为了合理确定材料的供应计划、加工方式、储存和堆放场地及建造临时设施，应摸清三材（钢材、木材和水泥）的市场行情，了解砖、砂、灰、石等地方材料的供应能力、质量、价格、运费情况，掌握当地装配式建筑构件制作、木材加工、金属结构、钢木门窗、

商品混凝土、建筑机械的供应与维修、运输情况，脚手架、定型模板和大型工具租赁等的服务项目、能力、价格等条件，收集装饰材料、特殊灯具、防水材料、防腐材料等的市场情况。主要材料、构件和设备调查的内容和目的见表2.6。

表 2.6　主要材料、构件和设备调查的内容和目的

序号	项目	调查内容	调查目的
1	三材	1. 钢材订货的规格、钢号、数量； 2. 木材订货的规格、等级、数量； 3. 水泥订货的品种、标号、数量	1. 确定临时设施的堆放场地； 2. 确定木材加工计划； 3. 确定水泥储存方式
2	特殊材料	1. 需要的品种、规格、数量； 2. 试制、加工和供应情况	1. 制订供应计划； 2. 确定储存方式
3	主要设备	1. 主要工艺设备名称、规格、数量和供货单位； 2. 分批和全部到货时间	1. 确定临时设施和堆放场地； 2. 拟订防雨措施
4	装配式建筑构件	1. 需要的品种、规格、数量和供应厂家； 2. 运输线路和距离、分批和全部到货时间	1. 确定运输线路和采购品种； 2. 确定购置计划

（2）地方资源和建筑企业情况的资料收集。这些资料一般向当地计划、经济及建筑等管理部门进行调查，可用作确定材料、构配件、制品等货源的加工供应方式、运输计划和规划临时设施。地方资源条件的调查内容见表2.7。

表 2.7　地方资源条件的调查

序号	材料名称	产地	储藏量	质量	开采量	出厂价	开发费	运距	单位运价
1									
…									

注：表中材料名称栏可按块石、碎石、砾石、砂、工业废料（包括矿渣、炉渣、粉煤灰）等填写。

地方建筑材料及构件生产企业调查内容见表2.8。

表 2.8　地方建筑材料及构件生产企业调查

序号	企业名称	产品名称	单位	规格	质量	生产能力	生产方式	出场价格	运距	运输方式	单位运价	备注
1												
…												
…												

注：表中企业名称及产品名称栏可按构件厂、木材厂、金属结构厂、砂石厂、建筑设备厂、砖瓦厂、石灰厂等填写。

6. 当地政府或建设行政法规的收集

为了更好地编制出工程组织设计，应收集当地政府或住房城乡建设主管部门颁布的与建设工程施工有关的条例和规章制度，如建筑工地文明安全施工规定、夜间施工规定、地方新技术推广应用的规定、工程建设监理规定等，这些资料对组织施工有很大的帮助。

二、劳动组织资料

1. 建立施工项目的组织机构

施工组织领导机构的建立应根据施工项目的规模、结构特点和复杂程度，确定项目施工的领导机构人选和名额，坚持合理分工与密切协作相组合，认真执行因事设职、因职选人的原则。

施工组织机构的建立应遵循的原则：根据工程规模、结构特点和复杂程度，确定施工组织的领导机构名额和人选；坚持合理分工与密切协作相结合的原则；将有施工经验、有创新精神、工作效率高的人选入领导机构；认真执行因事设职、因职选人的原则。对于一般单位工程可设一名工地负责人，再配备施工员、质检员、安全员及材料员等。对大型的单位工程或群体项目，则需配备一套班子，包括技术、材料、计划等管理人员。

2. 建立精干的施工队伍

施工队伍的建立要认真考虑专业、工种的合理配合，技工、普工的比例要满足合理的劳动组织，要符合流水施工组织方式的要求，建立施工队组（是专业施工队组，或是混合施工队组）要坚持合理、精干高效的原则；人员配置要从严控制二级、三线管理人员，力求一专多能、一人多职，同时，制订出该工程的劳动力需要量计划。

3. 集结施工力量，组织劳动力进场

工地领导机构确定之后，按照开工日期和劳动力需要量计划，组织劳动力进场。同时，要进行安全、防火和文明施工等方面的教育，并安排好职工的生活。

4. 建立健全各项管理制度

由于工地的各项管理制度直接影响其各项施工活动的顺利进行。为此必须建立健全工地的各项管理制度。一般内容包括：工程质量检查与验收制度；工程技术档案管理制度；建筑材料（构件、配件、制品）的检查验收制度；技术责任制度；施工图纸学习与会审制度；技术交底制度；职工考勤、考核制度；工地及班组经济核算制度；材料出入库制度；安全操作制度；机具使用保养制度。

5. 基本施工班组的确定

基本施工班组应根据工程的特点、现有的劳动力组织情况及施工组织设计的劳动力需要量计划来确定选择。装配式结构房屋以专业施工班组的形式较好。这种结构的施工以构件吊装为主，故应以吊装起重工为主。因焊接量较大，电焊工要充足，同时配以适当的木工、钢筋工、混凝土工，同时，根据填充墙的砌筑量配备一定数量的瓦工。装修阶段须配备抹灰工、油漆工、木工等专业班组。

6. 做好分包或劳务安排

由于建筑市场的开放，用工制度的改革，施工单位仅仅靠自身的基本队伍来完成施工任务已不能满足需要，因而往往要联合其他建筑队伍（一般称外包施工队）共同完成施工任务。

7. 做好施工队伍的教育

施工前，企业要对施工队伍进行劳动纪律、施工质量和安全教育，要求本企业职工和

外包施工队人员必须做到遵守劳动时间，坚守工作岗位，遵守操作规程，保证产品质量，保证施工工期及安全生产，服从调动，爱护公物。同时，企业还应做好职工、技术人员的培训和技术更新工作，只有不断提高职工、技术人员的业务技术水平，才能从根本上保证建筑工程质量，不断提高企业的竞争力。另外，对于某些采用新工艺、新结构、新材料、新技术的工程，应该先将有关的管理人员和操作工人组织起来培训，使之达到标准后再上岗操作。这也是施工队伍准备工作的内容之一。

三、施工技术资料的准备

由于任何技术差错和隐患都可能引起人身安全和质量事故，造成生命财产和经济的巨大损失，因此必须做好技术资料的准备工作。技术资料的准备即通常所说的室内准备（内业准备），它是施工准备工作的核心。其主要内容包括：熟悉与会审图纸，编制施工组织设计，编制施工图预算和施工预算，"四新"试验、试制的技术准备。

1. 自然条件和技术经济条件的调查分析

建设地区自然条件的调查分析的主要内容：地区水准点和绝对标高等情况；地质构造，土的性质和类别，地基土的承载力，地震级别和烈度等情况；河流流量和水质，最高洪水和枯水期的水位等情况；地下水水位的高低变化情况，含水层的厚度、流向、流量和水质等情况；气温、雨、雪、风和雷电等情况；土的冻结深度和冬、雨季的期限等情况。

建设地区技术经济条件的调查分析的主要内容：当地施工企业的状况；施工现场的动迁状况；当地可利用的地方材料状况；地方能源和交通运输状况；地方劳动力的技术水平状况；当地生活供应、教育和医疗卫生状况；当地消防、治安状况和施工承包企业的力量状况。

2. 编制施工组织设计

施工组织设计是指导拟建工程从施工准备到施工完成的组织、技术、经济的一个综合性技术文件，是编制施工预算，实行项目管理的依据，是施工准备工作的主要文件。它对施工的全过程起指导作用，它既要体现基本建设计划和设计的要求，又要符合施工活动的客观规律，对建设项目、单项及单位工程的施工全过程起到部署和安排的双重作用。

由于建筑施工的技术经济特点，建筑施工方法、施工机具、施工顺序等因素因而有不同的安排，所以每个工程项目都需要分别编制施工组织设计，作为组织和指导施工的重要依据。

3. 编制施工图预算与施工预算

建筑工程预算是反映工程经济效果的经济文件，在我国现阶段也是确定建筑工程预算造价的一种形式。建筑工程预算按照不同的编制阶段和不同的作用，可分为施工图预算和施工预算。

施工图预算是按照施工图确定的工程量、施工组织设计所拟定的施工方法、建筑工程预算定额及其取费标准编制的确定建筑安装工程造价和主要物资需要量的经济文件。

施工预算是根据施工图预算、施工图纸、施工组织设计、施工定额等文件进行编制的。它是企业内部经济核算和班组承包的依据，是企业内部使用的一种预算。

施工图预算与施工预算存在很大的区别：施工图预算是甲乙双方确定预算造价、发生经济联系的经济文件；而施工预算则是施工企业内部经济核算的依据。施工预算直接受施工图预算的控制。

在设计交底和图纸会审的基础上，施工组织设计经监理工程师批准后，预算部门即可着手编制单位工程施工图预算和施工预算，以确定人工、材料和机械费用的支出，并确定人工数量、材料消耗数量及机械台班使用量。

4. "四新"技术的准备

在工程开工前应根据施工图纸和施工组织设计的要求进行新技术、新结构、新材料、新工艺等项目试验和试制工作，保证新技术、新结构、新材料、新工艺的应用取得成功。

四、施工物资的准备

施工现场管理人员需要尽早计算出各施工阶段对材料、施工机械、设备、工具等的需用量，并说明供应单位、交货地点、运输方法等，特别是对预制构件，必须尽早从施工图中摘录出构件的规格、质量、品种和数量，制表造册，向预制加工厂订货并确定分批交货清单和交货地点。对大型施工机械及设备要精确计算工作日并确定进场时间，做到进场后立即使用，用毕立即退场，提高机械利用率，节省机械台班费及停留费。

1. 建筑材料的准备

建筑材料的准备主要是根据施工预算进行分析，按照施工进度计划要求，按材料名称、规格、使用时间、材料储备定额和消耗定额进行汇总，编制出材料需要量计划，为组织备料，确定仓库、场地堆放所需的面积和组织运输等提供依据。建筑材料的准备包括三材、地方材料、装饰材料的准备。准备工作应根据材料的需要量计划，组织货源，确定加工、供应地点和供应方式，签订物资供应合同。

2. 施工机具的准备

施工选定的各种土方机械，混凝土、砂浆搅拌设备，垂直及水平运输机械，吊装机械，动力机具，钢筋加工设备，木工机械，焊接设备，打夯机，抽水设备等应根据施工方案和施工进度，确定数量和进场时间。需租赁机械时，应提前签约。根据采用的施工方案，安排施工进度，确定施工机械的类型、数量和进场时间，确定施工机具的供应办法和进场后的存放地点与方式，编制施工机具的需要量计划，为组织运输、确定堆场面积提供依据。

3. 模板和脚手架的准备

模板和脚手架是施工现场使用量大、堆放占地大的周转材料。模板及其配件规格多、数量大，对堆放场地要求比较高，一定要分规格、型号整齐码放，以便于使用及维修。大钢模一般要求立放，并防止倾倒，在现场也应规划出必要的存放场地。钢管脚手架、桥式脚手架等都应按指定的平面位置堆放整齐，扣件等零件还应防雨，以防止锈蚀。

4. 装配式建筑预制构件和商品混凝土的准备

工程项目施工中需要大量的门窗、金属构件、水泥制品及卫生洁具等，装配式建筑工程项目也需要大量定制的预制构件。这些构件、配件必须事先提供设计图纸，提出订制加工单。对于采用商品混凝土现浇的工程，则先要到生产单位签订供货合同，注明品种、规格、数量、需要时间及送货地点等。根据施工预算提供的构（配）件、制品的名称、规格、质量和消耗量，确定加工方案和供应渠道及进场后的储存地点与方式，编制出其需要量计划，为组织运输、确定堆场面积等提供依据。

五、施工现场的准备

施工现场的准备即通常所说的室外准备（外业准备），在做好施工现场准备时，它是为工程创造有利于施工条件的保证，其工作应按施工组织设计的要求进行，主要内容有清除障碍物、做好七通一平、测量放线、搭设临时设施等。

1. 清除障碍物

施工场地内的一切障碍物，无论是地上的或地下的，都应在开工前清除，此项工作一般是由建设单位来完成，但也有委托施工单位来完成的。如果由施工单位来完成这项工作，一定要事先摸清楚现场情况，尤其是在城市的老区内，由于原有建筑物和构筑物情况复杂，而且往往资料不全，在清除前需要采取相应的措施，防止发生事故。

拆除障碍物后，留下的渣土等杂物都应清除到场外。运输时，应遵守交通、环保部门的有关规定，运土的车辆要按照指定的路线和时间行驶，并采取封闭运输车或在渣土上洒水等措施，以免渣土飞扬而污染环境。

2. 做好七通一平

在工程用地范围内，接通施工用水、用电、道路和平整场地的工作简称为"三通一平"。其实工地上的实际需要往往不只是水通、电通、路通，有的工地还需要供应蒸汽，架设热力管线，称为"热通"；通煤气，称为"气通"；通电话作为联络通信工具，称为"电信通"；还可能因为施工中的特殊要求，还有其他的"通"，通常把"路通""给水通""排水通""排污通""电通""电信通""蒸汽及煤气通"称为七通。一平指的是场地平整。但最基本的还是"三通"。

3. 建立测量控制网

施工单位应按照设计单位提供的建筑总平面图及接收施工现场时建设方提交的施工场地范围、规划红线桩、工程控制坐标桩和水准基桩进行施工现场的测量与定位。这一工作是确定拟建工程平面位置的关键，施测中必须保证精度、杜绝错误。

4. 搭建临时设施

按照施工总平面图和临时设施需要量计划，建造各项临时设施，为正式开工准备好生产和生活用房。现场生活和生产用的临时设施应按施工平面布置图的要求进行，临时建筑平面图及主要房屋结构图都应报请城市规划、市政、消防、交通、环境保护等有关部门审查批准。

另外，在考虑施工现场临时设施的搭设时，应尽量利用原有建筑物，尽可能减少临时设施的数量，以便节约用地，节省投资。

5. 组织施工机具进场、安装和调试

按照施工机具需要量计划，分期分批组织施工机具进场，根据施工总平面布置图将施工机具安置在规定的地点或存储的仓库内。对于固定的机具要进行就位、搭设防护棚、接通电源、保养和调试等工作。对所有施工机具都必须在开工之前进行检查和试运转。

6. 组织材料、构配件制品进场储存

按照材料、构配件、半成品的需要量计划组织物资、周转材料进场，并依据施工总平

面图规定的地点和指定的方式进行储存与定位堆放。同时，按进场材料的批量，依据材料试验、检验要求，及时采样并提供建筑材料的试验申请计划，严禁不合格的材料存储现场。

六、季节性施工资料的准备

建筑工程施工绝大部分工作是露天作业，因此，季节性施工对生产的影响较大。为保证按期、保质完成施工任务，必须做好冬期、雨期施工准备工作。

七、施工准备工作计划与开工报告

1. 施工准备工作计划

为了落实各项施工准备工作，加强检查和监督，必须针对各项施工准备工作的内容、时间和人员，编制出施工准备工作计划。安排专人负责，在实施的过程中注意检查，发现问题及时处理。

2. 开工条件与开工报告

（1）建筑工程项目开工条件需要满足的规定：施工许可证已获政府主管部门批准；征地拆迁工作能满足工程进度的需要；施工组织设计已获总监理工程师批准；施工单位现场管理人员已到位，机具、施工人员已进场，主要工程材料已落实；进场道路及水、电、通风等已满足开工要求。

（2）为了进一步加强分部开工项目的管理，严格开工条件，实现"开工必优，一次成优"的质量管理理念，保证工程质量建设而制定的申请制度。开工报告的范围主要涉及两点：一是管段工程范围内的工程项目；二是国家颁布的工程质量检验评定标准、施工（含设备安装）验收规范规定的单位工程。

任务 实训

1. 简述施工准备工作的种类和主要内容。

_____

_____

2. 原始资料的调查包括哪些方面？各方面的主要内容有哪些？

_____

_____

3. 学习心得及总结：

_____

_____

_____

项目小结

本项目主要介绍施工准备工作,从总准备到作业准备,涉及面广,且贯穿施工全过程,因此,六个方面的准备内容必须责任落实到部门和个人,实行检查制度,才能做到万无一失,使施工顺利进行。

1. 施工准备工作的意义与管理

施工准备工作是指项目施工前为了保证整个工程项目能够按计划顺利施工,事先必须做好的各项准备工作。施工准备工作是施工程序中的重要环节,对项目施工具有重要的意义。

施工准备工作管理应分阶段、有组织、有计划、有步骤地进行;应建立严格的保证措施;应处理好各方面的关系。

2. 施工准备工作的内容

施工准备工作的内容包括调查研究与收集资料、技术资料准备、劳动组织准备、物资准备、施工现场准备、施工场外准备。

3. 施工准备工作计划的编制

施工准备工作计划必须根据各项施工准备工作的内容、时间和人员进行编制。

测试

班级:＿＿＿＿＿　　姓名:＿＿＿＿＿　　成绩:＿＿＿＿＿

1. 试述施工准备工作的意义。(10分)

2. 物资准备包括哪些内容?(10分)

3. 编制施工组织设计前主要收集哪些参考资料?(10分)

4. 季节性施工资料主要包括哪些?(10分)

5. 简述建筑工程项目开工条件的相关规定。(20分)

6. 搭建临时设施需要注意的事项有哪些?(20分)

7. 调查一个建筑工地的施工现场人员配备情况,并分析这样配备是否与该工程的规模和复杂程度相适应。(20分)

📖 **总结**

项目三
施工部署与方法

 案例导入

节俭办奥运

作为北京奥运会的标志性建筑"鸟巢"，它的设计寓意是原始生命的孵化过程，体现科技、人文、绿色奥运精神。"鸟巢"初期施工方案严重超预算，在"节俭办奥运"的方针要求下，国家体育场的优化调整方案主要涉及去掉开启式屋顶和将口子开得更大两个方面，但其独特的设计风格未受影响。调整后的"鸟巢"方案不但没有降低设计质量，而且进一步提高了结构的安全度，并使工程造价回归到合理的范围。

 知识目标

1. 掌握施工部署的主要内容；
2. 熟悉建筑工程的主要施工方法及管理要点；
3. 熟悉装配式建筑主要施工方法及管理要点。

教学要求

1. 根据项目实际情况，结合已有施工技术基础，能合理编制项目的施工部署；
2. 可以结合实际情况，对项目施工方法进行优化。

重点难点

结合工程实际情况，合理选择施工方案及施工方法。

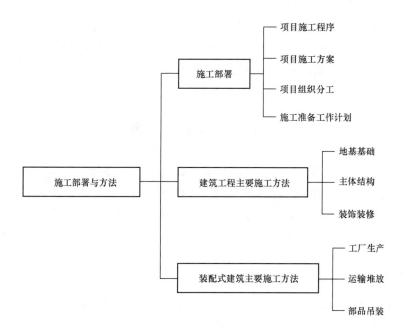

课件：施工部署与方法

施工部署是对整个建设项目进行的统筹规划和全面安排，并解决影响全局的重大问题，指导全局组织施工的战略规划。施工部署的内容和侧重点，根据建设项目的性质、规模和客观条件不同而有所不同。

施工方法对施工过程起关键性作用，施工方法一旦确定，就不能随意更改，施工过程中必须严格按照施工组织设计中确定的施工方法进行施工。选择施工方法时应首先考虑该方法的可行性、合法性及经济合理性，其次考虑该方法对工程施工的影响。通常采用多方案比较法选定最终施工方法，目的是达到施工方法技术可行性和经济合理性。

任务一　施工部署

施工部署是对整个建设工程项目进行的统筹规划和全面安排，它主要解决工程施工中的重大战略问题。施工部署的内容和侧重点，根据建设项目的性质、规模和客观条件不同而有所不同。一般主要包括确定项目施工程序、确定项目施工方案、确定项目组织分工及确定施工准备工作计划。

一、项目施工程序

项目施工程序是指建设工程项目很大时，根据工程项目总目标的要求，确定工程分期分批施工的合理开展顺序，也就是要对各单项工程或单位工程的开竣工时间、施工队伍和相互间衔接的有关问题进行具体明确的安排。

在确定工程项目分期分批的开展顺序时，应考虑以下几点因素：

（1）分期分批施工的工程项目的工期，必须满足工程施工合同的总工期要求。如果编制施工组织总设计时没有签订工程合同，则应保证总工期控制在定额工期内。在这个大前提下来确定工程的合理施工程序。这样，既可以使每一具体项目迅速建成，尽早投入使用，又可在全局上取得施工的连续性和均衡性，以减少暂设工程数量，降低工程成本，充分发挥项目建设投资的效果。

（2）各类项目的施工应统筹安排，保证重点，首先考虑影响全局的关键工程的合理施工顺序，确保工程项目按期完工。一般情况下，应优先考虑的项目是按生产工艺要求，须先期投入生产或起主导作用的工程项目；工期长、技术复杂、施工困难多的工程，应提前安排施工；急需的或关键的工程、可供施工使用的永久性工程和公用基础设施工程（包括水源和供水设施、排水干线、铁路专用线、卸货台、输电线路、配电变压所、交通道路等）应先期施工和交工；按生产工艺要求，起主导作用或须先期投入生产的工程应尽先安排；在生产上先期使用的机修、车库、办公楼或宿舍楼等工程应提前施工和交工等。

（3）遵循"先地下后地上""先深后浅""先干线后支线"的原则进行安排。

（4）安排施工程序时，应注意工程交工的配套，以使建成的工程能迅速投入生产或交付使用，尽早发挥该部分的投资效益。这一点对于工业建设项目尤为重要。一般大型工业建设项目（如冶金联合企业、化工联合企业等）都应在保证工期的前提下分期分批建设。这些项目的每个车间不是孤立的，它们分别组成若干个生产系统，在建造时，需要分几期施工。各期工程包括哪些项目，要根据生产工艺要求、建设部门要求、工程规模大小和施工难易程度、资金状况、技术资源情况等确定。同一期工程应是一个完整的系统，以保证各生产系统能够按期投入生产。例如，某大型发电厂工程，由于技术、资金、原料供应等原因，工程分两期建设。一期工程安装两台20万千瓦国产汽轮机组和各种与之相适应的辅助生产、交通设施及生活福利设施。建成后投入使用，两年之后再进行第二期工程建设，安装一台60万千瓦国产汽轮机组，最终形成100万千瓦的发电能力。

（5）施工程序应当与各类物资供应、技术条件相平衡并合理利用这些资源，促进均衡施工。

（6）施工程序必须考虑自然条件（水文、地质、气候）的影响，应尽量避免将工程安排在不利于其施工的季节。例如，大规模土石方工程及深基础施工一般要避开雨期施工，寒冷地区的房屋施工应尽量在入冬前封顶，以便在冬期进行室内作业和设备安装。

（7）施工程序必须考虑安全生产的要求。在安排施工顺序时，必须力求各施工过程的衔接不会产生不安全因素，以防止安全事故的发生。

二、项目施工方案

施工组织总设计中要拟订一些主要工程项目的施工方案。这些项目通常是建设工程中工程量大、施工难度大、工期长，对整个建设项目的总工期起主要控制作用的建筑物或构筑物，以及全场范围内工程量大、影响全局的特殊分项工程。

拟订主要工程项目施工方案的目的是进行技术和资源的准备工作，同时，也可以保证施工的顺利开展及合理布置施工现场。由于选用的施工方法和施工机械不同，可编制出不同的方案，从中选择最佳方案付之实行。方案解决了，就基本上规定了整个工程施工的进度、人力和机械的需要量、人力组织、机械的布置与运用、工程的质量与安全、工程成本、现场状况等。

工程项目施工方案的主要内容包括确定其施工方法、施工工艺流程、施工机械设备等。

正确地选择施工方法是确定施工方案的关键。各个施工过程都有若干可行的施工方法，应根据工程的具体情况选择一种最先进、最可行、最经济的施工方法。选择施工方法的依据主要如下：

（1）工程特点。工程特点主要是指工程项目的规模、构造、工艺要求、技术要求等方面的特点。

（2）工期要求。工期要求要明确工期是属于紧迫、正常、充裕三种情况的哪一种。

（3）施工组织条件。施工组织条件主要是指气候等自然条件，施工单位的管理水平和技术装备水平，项目所需设备、材料、资金等供应的可能性。

合理选择施工机械也是合理组织施工的关键，它与正确拟定施工方法是紧密联系的。施工方法在技术上必须满足保证工程质量、提高劳动生产率、充分利用施工机械的要求，做到技术上先进、经济上合理，施工方法一旦确定，机械设备选择就只能以满足施工方法的要求为基本依据，而正确选择好施工机械能使施工方法更为先进、合理。因此，施工机械选择的好坏，很大程度上决定了施工方案的优劣。选择施工机械时，既要考虑各种机械的合理组合，又要从全局出发统筹考虑。施工机械的合理组合是指主导机械和辅助机械在台数和生产能力上相互适应，以及作业线上各种施工机械相互配套的组合，这是考察选择的施工机械能否发挥效率的重要问题。从全局出发选择施工机械，是指从整个建设项目考虑施工机械的使用，而不仅从某一个单项工程来考虑。例如，挖土机械的选择，如果要在几个工程上连续使用，则宜按最大土方量的需要选定挖土机，虽然成本偏大，但总的看是经济合理的；又如，几个工程的混凝土量大，而工程相距又不太远，则采用集中的混凝土搅拌站比各工程各自设置分散的多台搅拌机要经济得多。

三、项目组织分工

明确如何建立项目管理机构——项目部的人员设置及分工；建立专业化施工组织和进行施工分包；划分施工阶段，确定分期分批施工，交工的安排及其主攻项目和穿插项目。

（1）应首先明确施工项目的管理机构、体制，建立施工现场统一的组织领导机构及其职能部门。

（2）划分各参与施工单位的任务，明确各承包单位之间的关系，确定综合的和专业的施工队伍，明确各施工队伍所负责的施工项目和开竣工日期。

（3）划分施工阶段，确定各单位分期分批的主导项目和穿插项目。其是指在一个工程项目中，根据生产经营的要求，明确重点工程施工的先后次序，对工程量较小的次要建筑物，可作穿插项目来调整主导项目的快慢节奏。

四、施工准备工作计划

施工准备工作是顺利完成项目建设任务的一个重要阶段，必须根据施工开展程序和主要工程项目施工方案，从思想上、组织上、技术上和物资供应等方面做好充分准备，并做好施工项目全场性的施工准备工作计划。

施工准备工作计划主要是指全现场的施工准备，包括场地准备、组织准备、技术准备、物质准备等。

（1）应安排好场内外运输、施工用主干道、水电来源及引入方案。

（2）安排好场地平整方案，全现场排水、防洪；"三通一平"工作是施工准备的重要内容，应有计划、有步骤、分阶段进行，预先确定其分期完成的规模和期限。

（3）安排好生活、生产基地，充分利用本地区、本系统的永久性工程、基地，不足时再扩建。制定出现场预制和工厂预制或采购构件的规划。

任 务 实 训

1. 确定项目施工顺序主要考虑因素有哪些？

_____

2. 项目组织分工的主要内容有哪些？

_____

3. 工程项目施工方案的主要内容有哪些？

_____

4. 学习心得及总结：

_____

任务二　建筑工程主要施工方法

施工方法的选择对施工过程起至关重要的作用，在确定施工方法时，应结合建设项目的特点和当地施工习惯，尽可能采用先进合理、切实可行的专业化、机械化施工方法。

一、地基基础

地基是指建筑物荷载作用下基底下方产生的变形不可忽略的那部分地层；而基础则是指将建筑物荷载传递给地基的下部结构。作为支承建筑物荷载的地基，必须能防止强度破坏和失稳，同时，必须控制基础的沉降不超过地基的变形允许值。在满足上述要求的前提下，尽量采用相对埋深不大，只需普通的施工程序就可建造起来的基础类型，即称为天然地基上的浅基础；地基不能满足上述条件，则应进行地基加固处理，在处理后的地基上建造的基础，称为人工地基上的浅基础。当上述地基基础形式均不能满足要求时，则应考虑借助特殊的施工手段相对埋深大的基础形式，即深基础（常用桩基），以求将荷载更多地传递到深部的坚实土层中。

1. 浅基础施工方法

浅基础按构造形式可分为单独基础、带形基础、箱形基础、筏形基础等。单独基础也称独立基础，多呈柱墩形，截面可做成阶梯形或锥形等；带形基础是指长度远大于其高度和宽度的基础，常见的是墙下条形基础，材料主要采用砖、毛石、混凝土和钢筋混凝土等。

（1）条式基础。条式基础包括柱下钢筋混凝土独立基础（图 3.1）和墙下钢筋混凝土条形基础（图 3.2）。其施工要点如下：

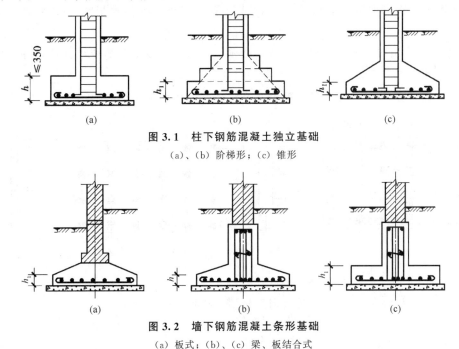

图 3.1　柱下钢筋混凝土独立基础

（a）、（b）阶梯形；（c）锥形

图 3.2　墙下钢筋混凝土条形基础

（a）板式；（b）、（c）梁、板结合式

1）基坑（槽）应进行验槽，局部软弱土层应挖去，用灰土或砂砾分层回填夯实至基底相平。基坑（槽）内浮土、积水、淤泥、垃圾、杂物应清除干净。验槽后地基混凝土应立即浇筑，以免地基土被扰动。

2）垫层达到一定强度后，在其上弹线、支模。铺放钢筋网片时底部用与混凝土保护层同厚度的水泥砂浆垫塞，以保证位置正确。

3）在浇筑混凝土前，应清除模板上的垃圾、泥土和钢筋上的油污等杂物，模板应浇水加以湿润。

4）基础混凝土宜分层连续浇筑完成。阶梯形基础的每一台阶高度内应分层浇捣，每浇筑完一台阶应稍停 0.5～1.0 h，待其初步获得沉实后，再浇筑上层，以防止下台阶混凝土溢出，在上台阶根部出现烂脖子，台阶表面应基本抹平。

5）锥形基础的斜面部分模板应随混凝土浇捣分段支设并顶压紧，以防止模板上浮变形，边角处的混凝土应注意捣实。严禁斜面部分不支模，用铁锹拍实。

6）基础上有插筋时，要加以固定，保证插筋位置的正确，防止浇捣混凝土发生移位。混凝土浇筑完毕，外露表面应覆盖浇水养护。

（2）筏形基础。筏形基础由钢筋混凝土底板、梁等组成，适用于地基承载力较低而上部结构荷载很大的场合。其外形和构造上像倒置的钢筋混凝土楼盖，整体刚度较大，能有效将各柱子的沉降调整得较为均匀。筏形基础一般可分为梁板式和平板式两类（图 3.3）。其施工要点如下：

1）施工前，如地下水水位较高，可采用人工降低地下水水位至基坑底不少于 500 mm，以保证在无水情况下进行基坑开挖和基础施工。

2）施工时，可采用先在垫层上绑扎底板、梁的钢筋和柱子锚固插筋，浇筑底板混凝土，待达到 25％设计强度后，再在底板上支梁模板，继续浇筑完梁部分混凝土；也可采用底板和梁模板一次同时支好，混凝土一次连续浇筑完成，梁侧模板采用支架支承并固定牢固。

3）混凝土浇筑时一般不留设施工缝，必须留设时，应按施工缝要求处理，并应设置止水带。

4）基础浇筑完毕，表面应覆盖和洒水养护，并防止地基被水浸泡。

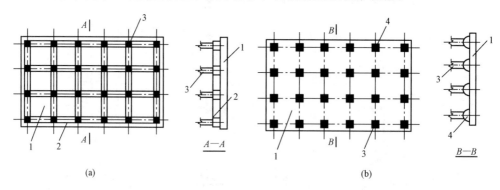

(a)　　　　　　　　　　　　　　　　(b)

图 3.3　筏形基础

（a）梁板式；（b）平板式

1—底板；2—梁；3—柱；4—支墩

（3）箱形基础。箱形基础是由钢筋混凝土底板、顶板、外墙及一定数量的内隔墙构成封闭的箱体（图 3.4），基础中部可在内隔墙开门洞作地下室。该基础具有整体性好，刚度大，调整不均匀沉降能力及抗震能力强，可消除因地基变形而使建筑物开裂的可能性，减少基底处原有地基自重应力，降低总沉降量等特点。常用作软弱地基上的面积较小、平面形状简单、上部结构荷载大且分布不均匀的高层建筑物的基础和对沉降有严格要求的设备基础或特种构筑物基础。箱形基础的施工要点如下：

1）基坑开挖，如地下水水位较高，应采取措施降低地下水水位至基坑底以下 500 mm 处，并尽量减少对基坑底土的扰动。当采用机械开挖基坑时，在基坑底面以上 200～400 mm 厚的土层，应用人工挖除并清理，基坑验槽后，应立即进行基础施工。

2）施工时，基础底板、内外墙和顶板的支模、钢筋绑扎和混凝土浇筑，可采取分块进行，其施工缝的留设位置和处理应符合钢筋混凝土工程施工及验收规范的有关要求，外墙接缝应设止水带。

3）基础的底板、内外墙和顶板宜连续浇筑完毕。为防止出现温度收缩裂缝，一般应设置贯通后浇带，带宽不宜小于 800 mm，在后浇带处钢筋应贯通，顶板浇筑后，相隔 2～4 周，用比设计强度提高一级的细石混凝土将后浇带填灌密实，并加强养护。

4）基础施工完毕，应立即进行回填土。停止降水时，应验算基础的抗浮稳定性，抗浮稳定系数不宜小于 1.2，如不能满足时，应采取有效措施，如继续抽水直至上部结构荷载加上后能满足抗浮稳定系数要求为止，或在基础内采取灌水或加重物等，防止基础上浮或倾斜。

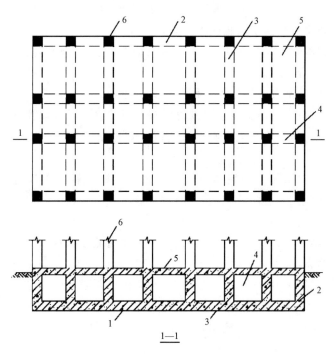

图 3.4　箱形基础

1—底板；2—外墙；3—内墙隔墙；4—内纵隔墙；5—顶板；6—柱

2. 深基础施工方法

深基础主要有桩基础（图 3.5）、墩基础、沉井和地下连续墙等几种类型，其中以桩基础最为常用。

按桩制作工艺进行分类，主要有预制桩和现场灌注桩，现在使用较多的是现场灌注桩。

混凝土灌注桩是直接在施工现场的桩位上成孔，然后在孔内浇筑混凝土成桩。钢筋混凝土灌注桩还需在桩孔内安放钢筋笼后再浇筑混凝土成桩。

灌注桩按成孔方法可分为钻孔灌注桩、沉管灌注桩、人工挖孔灌注桩、爆扩成孔灌注桩等。

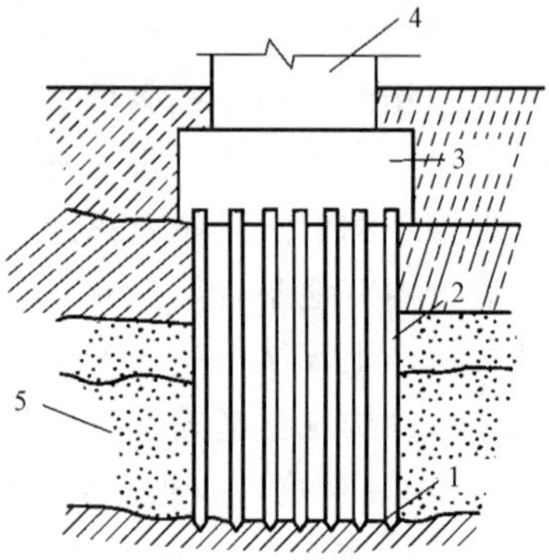

图 3.5 桩基础示意
1—持力层；2—桩；3—桩基承台；
4—上部建筑物；5—软弱层

二、主体结构

1. 砌筑工程

砌筑工程是指砖石块体和各种类型砌块的施工。

砌体可分为砖砌体，主要有墙和柱；砌块砌体，多用于定型设计的民用房屋及工业厂房的墙体；石材砌体，多用于带形基础、挡土墙及某些墙体结构；配筋砌体，在砌体水平灰缝中配置钢筋网片或在墙体外部的预留沟槽内设置竖向粗钢筋的组合砌体。

砌体除应采用符合质量要求的原材料外，还必须有良好的砌筑质量，以使砌体有良好的整体性、稳定性和受力性能，一般要求灰缝横平竖直，砂浆饱满，厚薄均匀，砌块应上下错缝，内外搭砌，接槎牢固，墙面垂直；要预防不均匀沉降引起开裂；要注意施工中墙、柱的稳定性；冬期施工时还要采取相应的措施。

（1）砖基础。砖基础下部通常扩大，称为大放脚。大放脚有等高式和不等高式两种（图 3.6）。施工要点如下：

1）砌筑前，应将地基表面的浮土及垃圾清除干净。

2）基础施工前，应在主要轴线部位设置引桩，以控制基础、墙身的轴线位置，并从中引出墙身轴线，而后向两边放出大放脚的底边线。在地基转角、交接及高低踏步处预先立好基础皮数杆。

3）砌筑时，可依皮数杆先在转角及交接处砌几皮砖，然后在其间拉准线砌筑中间部分。内外墙砖基础应同时砌起，如不能同时砌筑时应留置斜槎，斜槎长度不应小于斜槎高度。

4）基础底标高不同时，应从低处砌起，并由高处向低处搭接。如设计无要求，搭接长度不应小于大放脚的高度。

5）大放脚部分一般采用一顺一丁砌筑形式。水平灰缝及竖向灰缝的宽度应控制在 10 mm 左右，水平灰缝的砂浆饱满度不得小于 80%，竖缝要错开。要注意丁字及十字接头处砖块的搭接，在这些交接处，纵横墙要隔皮砌通。大放脚的最下一皮及每层的最上一皮应以丁砌为主。

6）基础砌完验收合格后，应及时回填。回填土要在基础两侧同时进行，并分层夯实。

（2）砖墙砌筑。普通砖墙的砌筑形式主要有一顺一丁、三顺一丁、梅花丁、两平一侧和全顺式五种（图3.7、图3.8）。

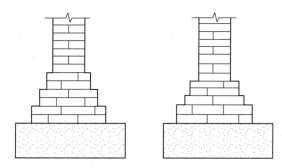

图 3.6　基础大放脚形式

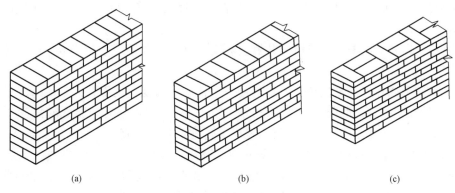

(a)　　　　　　　　　(b)　　　　　　　　　(c)

图 3.7　砖墙组砌形式

（a）一顺一丁；（b）三顺一丁；（c）梅花丁

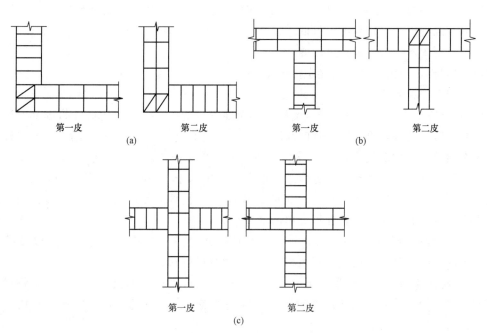

图 3.8　砖墙交接处组砌

（a）一砖墙转角（一顺一丁）；（b）一砖墙丁字交接处（一顺一丁）；（c）一砖墙十字交接处（一顺一丁）

砖墙砌筑一般有抄平、放线、摆砖、立皮数杆、盘角、挂线、砌筑、勾缝、清理等工序。其施工要点如下：

1）全部砖墙应平行砌起，砖层必须水平，砖层正确位置用皮数杆控制，基础和每楼层砌筑完成后必须校对一次水平、轴线和标高，在允许偏差范围内，其偏差值应在基础或楼板顶面调整。

2）砖墙的水平灰缝和竖向灰缝宽度一般为 10 mm，但不小于 8 mm，也不应大于 12 mm。水平灰缝的砂浆饱满度不得低于 80%，竖向灰缝宜采用挤浆或加浆方法，使其砂浆饱满，严禁用水冲浆灌缝。

3）墙的转角处和交接处应同时砌筑。对不能同时砌筑而又必须留槎时，应砌成斜槎。

4）每层承重墙的最上一皮砖、梁或梁垫的下面及挑檐、腰线等处，应是整砖丁砌。填充墙砌至接近梁、板底时，应留设一定空隙，待填充墙砌筑完并应至少间隔 7 d 后，再将其补砌挤紧。

5）砖墙中留置临时施工洞口时，其侧边离交接处的墙面不应小于 500 mm，洞口净宽度不应超过 1 m。

6）砖墙相邻工作段的高度差，不得超过一个楼层的高度，也不宜大于 4 m。工作段的分段位置应设在伸缩缝、沉降缝、防震缝或门窗洞口处。砖墙临时间断处的高度差，不得超过一步脚手架的高度。砖墙每天砌筑高度以不超过 1.8 m 为宜。

（3）砌块砌筑。常用的砌块有粉煤灰硅酸盐砌块、混凝土小型空心砌块、煤矸石砌块等。砌块施工的主要工序是铺灰、砌块吊装就位、校正、灌缝和镶砖。其施工要点如下：

1）砌块砌体砌筑的基本要求与砖砌体相同，但搭接长度不应少于 150 mm。

2）外观检查应达到墙面清洁，勾缝密实，深浅一致，交接平整。

3）经试验检查，在每一楼层或 250 m³ 砌体中，一组试块（每组 3 块）同强度等级的砂浆或细石混凝土的平均强度不得低于设计强度最低值，对砂浆不得低于设计强度的 75%，对于细石混凝土不得低于设计强度的 85%。

4）预埋件、预留孔洞的位置应符合设计要求。

（4）构造柱、圈梁。

1）有抗震要求的砌体填充墙按设计要求应设置构造柱、圈梁，构造柱的宽度由设计确定，厚度一般与墙壁等厚，圈梁宽度与墙等宽，高度不应小于 120 mm。圈梁、构造柱的插筋宜优先预埋在结构混凝土构件中或后植筋，预留长度应符合设计要求。构造柱施工时按要求应留设马牙槎，马牙槎宜先退后进，进退尺寸不小于 60 mm，高度不宜超过 300 mm。当设计无要求时，构造柱应设置在填充墙的转角处、丁形交接处或端部；当墙长大于 5 m时，应间隔设置。圈梁宜设置在填充墙高度中部。

2）支设构造柱、圈梁模板时，宜采用对拉栓式夹具，为了防止模板与砖墙接缝处漏浆，宜用双面胶条黏结。构造柱模板根部应留设垃圾清扫孔。

3）在浇灌构造柱、圈梁混凝土前，必须向柱或梁内砌体和模板浇水湿润，并将模板内的落地灰清除干净，先注入适量水泥砂浆，再浇灌混凝土。振捣时，振捣器应避免触碰墙体，严禁通过墙体传振。

2. 混凝土结构工程

（1）模板工程。模板工程的施工工艺包括模板的选材、选型、设计、制作、安装、拆除和周转等过程。模板工程是钢筋混凝土结构工程施工的重要组成部分，特别是在现浇钢筋混凝土结构工程施工中占有凸出的地位，将直接影响到施工方法和施工机械的选择，对施工工期和工程造价也有一定的影响。

模板的材料宜选用钢材、胶合板、塑料等；模板支架的材料宜选用钢材等。当采用木材时，其树种可根据各地区实际情况选用，材质不宜低于Ⅲ等材。

模板及其支架在安装过程中，必须设置防倾覆的临时固定设施。对现浇多层房屋和构筑物，应采取分层分段支模的方法。模板拆除取决于混凝土的强度、模板的用途、结构的性质、混凝土硬化时的温度及养护条件等。及时拆模可以提高模板的周转率；拆模过早会因混凝土的强度不足，在自重或外力作用下而产生变形甚至裂缝，造成质量事故。因此，合理地拆除模板对提高施工的技术经济效果至关重要。

（2）钢筋工程。钢筋混凝土结构所用的钢筋按生产工艺分为热轧钢筋、冷拉钢筋、冷拔钢筋、冷轧钢筋、热处理钢筋、碳素钢丝、刻痕钢丝和钢绞线等。钢筋出厂应附有出厂合格证明书或技术性能及试验报告证书。

钢筋运输至现场在使用前，需要经过加工处理。钢筋的加工处理主要工序有冷拉、冷拔、除锈、调直、下料、剪切、绑扎及焊（连）接等。

钢筋进场时，应按现行国家标准《钢筋混凝土用钢第2部分：热轧带肋钢筋》（GB/T 1499.2—2018）的规定抽取试件做力学性能检验，其质量必须符合有关标准的规定。

钢筋的连接方式可分为绑扎连接、焊接或机械连接两类。纵向受力钢筋的连接方式应符合设计要求。机械连接接头和焊接连接接头的类型及质量应符合现行国家标准的规定。

钢筋常用的焊接方法有闪光对焊、电弧焊、电渣压力焊、埋弧压力焊和气压焊等。钢筋焊接接头质量检查与验收应满足规定。

（3）混凝土工程。混凝土工程包括配料、搅拌、运输、浇筑、振捣和养护等工序。各施工工序对混凝土工程质量都有很大的影响。因此，要使混凝土工程施工能保证结构具有设计的外形和尺寸，确保混凝土结构的强度、刚度、密实性、整体性及满足设计和施工的特殊要求，必须要严格保证混凝土工程每道工序的施工质量。

1）混凝土的搅拌。混凝土的搅拌是将水、水泥和粗细骨料进行均匀拌和及混合的过程。同时，通过搅拌还要使材料达到强化、塑化的作用。混凝土可采用机械搅拌和人工搅拌。

搅拌时间与混凝土的搅拌质量密切相关，随搅拌机类型和混凝土的和易性不同而变化。

2）混凝土运输。运输中的全部时间不应超过混凝土的初凝时间。运输中应保持匀质性，不应产生分层离析现象，不应漏浆；运输至浇筑地点应具有规定的坍落度，并保证混凝土在初凝前能有充分的时间进行浇筑。混凝土的运输道路要求平坦，应以最少的运转次数、最短的时间从搅拌地点运至浇筑地点。

3）混凝土的浇筑与振捣。混凝土在浇筑前不应发生离析或初凝现象，如已发生，须重新搅拌。混凝土运输至现场后，其坍落度应满足要求。

混凝土的浇筑工作应尽可能连续进行。混凝土的浇筑应分段、分层连续进行，随浇随捣。如果由于技术或施工组织上的原因，不能对混凝土结构一次连续浇筑完毕，而必须停歇较长的时间，其停歇时间已超过混凝土的初凝时间，致使混凝土已初凝；当继续浇筑混凝土时，形成了接缝，即施工缝。施工缝设置的原则一般宜留设在结构受力（剪力）较小且便于施工的部位。

混凝土的振捣方式可分为人工振捣和机械振捣两种。

4）混凝土的养护。混凝土自然养护是对已浇筑完毕的混凝土，应加以覆盖和浇水，并应符合规定：应在浇筑完毕后的 12 d 以内对混凝土加以覆盖和浇水；对采用硅酸盐水泥、普通硅酸盐水泥或矿渣硅酸盐水泥拌制的混凝土，混凝土浇水养护的时间不得少于 7 d，对掺用缓凝型外加剂或有抗渗性要求的混凝土，混凝土浇水养护的时间不得少于 14 d；浇水次数应能保持混凝土处于湿润状态；混凝土的养护用水应与拌制用水相同。

5）混凝土的质量检查。检查混凝土质量应进行抗压强度试验。对有抗冻、抗渗要求的混凝土，还应进行抗冻性、抗渗性等试验。

用于检查结构构件混凝土质量的试件，应在混凝土的浇筑地点随机取样制作。试件的留置应符合下列规定：

①每拌制 100 盘且不超过 100 m³ 的同配合比混凝土，取样不得少于一次。

②每工作班拌制的同配合比的混凝土不足 100 盘时，取样不得少于一次。

③对现浇混凝土结构，每一现浇楼层同配合比的混凝土取样不得少于一次；同一单位工程每一验收项目中同配合比的混凝土取样不得少于一次。

混凝土取样时，均应做成标准试件（即边长为 150 mm 标准尺寸的立方体试件），每组三个试件应在同盘混凝土中取样制作，并在标准条件下［温度（20±3）℃，相对湿度为 90％以上］养护至 28 d 龄期，按标准试验方法，测得混凝土立方体抗压强度。取二个试件强度的平均值作为该组试件的混凝土强度代表值；或者当三个试件强度中的最大值或最小值之一与中间值之差超过中间值的 15％时，取中间值作为该组试件的混凝土强度的代表值；当三个试件强度中的最大值和最小值与中间值之差均超过中间值的 15％，则该组试件不应作为强度评定的依据。

6）混凝土质量缺陷的防治与处理。

①表面抹浆修补：对数量不多的小蜂窝、麻面、露筋、露石的混凝土表面，主要是保护钢筋和混凝土不受侵蚀，可用 1∶2.5～1∶2 的水泥砂浆抹面修整。

②细石混凝土填补：当蜂窝比较严重或露筋较深时，应取掉不密实的混凝土，用清水洗净并充分湿润后，再用比原强度等级高一级的细石混凝土填补并仔细捣实。

③水泥灌浆与化学灌浆：对于宽度大于 0.5 mm 的裂缝，宜采用水泥灌浆；对于宽度小于 0.5 mm 的裂缝，宜采用化学灌浆。

三、装饰装修

1. 抹灰工程施工方法

（1）一般抹灰施工。

1）墙面抹灰施工方法：基层处理→弹线、找规矩、套方→贴饼、冲筋→做护角→抹底灰→抹罩面灰→抹水泥灰窗台板→抹墙裙、踢脚。

2）顶板抹灰施工方法：基层处理→弹线、找规矩→抹底灰→抹中层灰→抹罩面灰。

（2）装饰抹灰施工。装饰抹灰主要包括水刷石、斩假石、干粘石和假面砖等项目，若处理得当并精工细作，其抹灰层既能保持与一般抹灰的相同功能，又可取得独特的装饰艺术效果。其施工要点如下：

1）基层表面的尘土、污垢、油渍等应清除干净。

2）抹灰所用材料的品种、性能和砂浆配合比应符合设计要求。水泥凝结时间和安定性复检应合格。

3）抹灰层与基层之间及各抹灰层之间必须黏结牢固，无脱层、空鼓，面层应无爆灰和裂缝。

4）抹灰的表面质量：抹灰表面应平整光滑、洁净、接槎平整、颜色均匀，无抹痕，线角和灰线平直、方正，清晰美观。

2. 饰面安装施工方法

饰面工程是在墙、柱表面镶贴或安装具有保护和装饰功能的块料而形成的饰面层。块料的种类可分为饰面砖和饰面板两大类。

（1）饰面砖施工。饰面砖一般在基层上进行粘贴，包括釉面瓷砖、外墙面砖、陶瓷锦砖和玻璃马赛克等。

1）内墙釉面瓷砖施工施工工艺：基层处理→抹底子灰→弹线、排砖→贴标志块→选砖、浸砖→镶贴面砖→面砖勾缝、擦缝及清理。

2）外墙面砖施工施工工艺：基层处理→抹底子灰→弹线分格、排砖→浸砖→贴标准点→镶贴面砖→面砖勾缝、清理。

（2）饰面板施工。饰面板包括石材饰面板、金属饰面板、塑料饰面板、镜面玻璃饰面板等。

1）石材饰面板施工。石材饰面板一般采用相应的连接构造进行安装，对薄型小规格块材，可采用粘贴方法安装。

粘贴方法施工工艺：基层处理→抹底层灰、中层灰→弹线分格→选料、预排→石材粘贴→嵌缝、清理→抛光打蜡。

2）金属饰面板施工。对于小面积的金属饰面板墙面可采用胶粘贴法施工，胶粘贴法施工时可采用木质骨架。先在木骨架上固定一层细木工板，以保证墙面的平衡度与刚度，然后用建筑胶直接将金属饰面板粘贴在细木工板上。粘贴时建筑胶应涂抹均匀，使饰面板黏结牢固。

面积较大的金属饰面板一般通过卡条、螺栓或自攻螺丝等安装在承重骨架上，骨架通过固定及连接件与基体牢固相连。其施工工艺流程：放线→饰面板加工→埋件安装→骨架安装→骨架防腐→保温、吸音层安装→金属饰面板安装→板缝打胶→板面清洁。

3. 裱糊工程施工方法

在裱糊工程中常用的有普通墙纸、塑料墙纸和玻璃纤维墙布。其施工工艺：基层处理→安排墙面分幅和画垂直线→裁纸→焖水→刷胶→纸上墙面→对缝→赶大面→整理纸缝→擦净挤出的胶水→壁纸清理修整。其施工注意事项如下：

（1）基层处理：基层基本干燥，抹灰层含水率不高于8％，抹灰面表面坚实、平滑、无飞刺、无砂粒；腻子具有一定强度；在刷底胶（用水稀释的108胶）时，宜薄而均匀，不留刷痕，待底胶干后才能进行裱糊。

（2）墙面弹垂直线或水平线：当墙纸水平式裱贴时，弹水平线；当墙纸竖向裱贴时，弹垂直线；如果由墙角开始裱糊，那么第一条垂线离墙角的距离应该定在比墙纸宽度小10～20 mm处，使纸边转过阴角的搭接收口；当遇到门窗等大洞口时，一般以立边分划为宜。

（3）裁纸：根据墙纸规格及墙面尺寸统筹规划裁纸，纸幅应编号，按顺序粘贴。

（4）焖水：必须先将墙纸在水槽中浸泡几分钟，或刷胶后叠起静置 10 min，然后再裱糊。

（5）墙纸的粘贴：墙面和墙纸各刷胶粘剂一遍，阴阳角处应增涂胶粘剂 1～2 遍，刷胶要求薄而均匀，墙面涂刷胶粘剂的宽度应比墙纸宽 20～30 mm；先贴长墙面，后贴短墙面；贴每条纸均先对花、对纹拼接由上而下进行，上端不留余量，先在一侧对缝以保证墙纸粘贴垂直，后对花纹拼接到底压实后，再抹平整张墙纸；当采用搭口拼缝时，要待胶粘剂干到一定程度后，才用刀具；粘贴的墙纸应与挂镜线、门窗贴脸板和踢脚板紧接，不得有缝隙；墙纸粘贴后，若发现空鼓、气泡，则可用针刺放气，再用注射针挤进胶粘剂用刮板刮平压密实。

任务 实 训

1. 浅基础的主要施工方法有哪些？

_____

_____

2. 箱形基础的施工要点是什么？

_____

_____

3. 灌注桩按成孔方法有哪些？

_____

_____

4. 砖墙砌筑的施工要点是什么？

_____

_____

5. 模板工程的施工工艺有哪些？

_____

_____

6. 墙面抹灰的主要施工顺序是什么？

_____

_____

7. 学习心得及总结：

_____

_____

任务三　装配式建筑主要施工方法

一、工厂生产

根据场地的不同、构件尺寸的不同及实际需要等情况，可采用不同方法生产混凝土预制构件，目前流水生产线法应用极为广泛。流水生产线法是指在工厂内通过滚轴传送机或传送装置将托盘模具内的构件从一个操作台转移到另一个操作台上，这是典型的适用于平面构件的生产制作工艺，如墙板和楼板构件的生产制作。流水生产线法具有高度的灵活性，不仅适用于平面构件生产，还适用于楼梯及线性构件的生产。

流水生产线法主要有两个方面的优势：一方面，它可以更好地组织整个产品生产制作过程，材料供应不需要内部搬运即可到位，而且每个工人每次都可以在同一个位置完成同样的工作；另一方面，它可以降低工厂生产成本，因为每个独立的生产制作工序均在专门设计的工作台上完成，如混凝土振捣器和模具液压系统在生产工序中仅需使用一次，所以可以实现更多的作业功能。预制构件生产线效果图如图3.9所示。

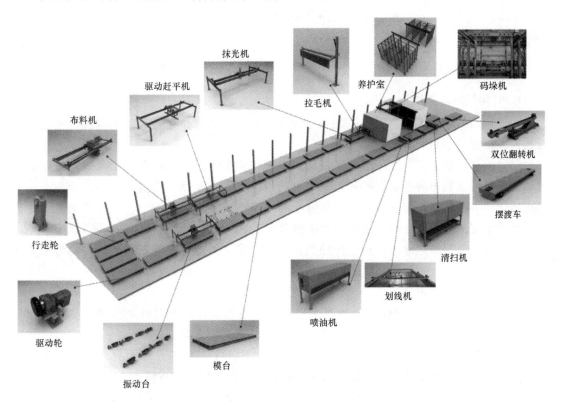

图 3.9　预制构件生产线效果图

目前，装配式建筑PC构件生产线工艺流程主要包括模台清理、支模、钢筋安装、混凝土浇筑等工序。具体流程如图3.10所示。

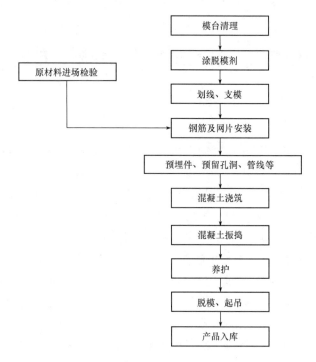

图 3.10 混凝土预制构件生产的通用工艺流程

二、运输堆放

1. PC 构件的运输方法

构件运输的准备工作主要包括制订运输方案、设计并制作运输架、验算构件强度、清查构件及察看运输路线。

（1）制订运输方案。此环节需要根据运输构件实际情况，装卸车现场及运输道路的情况，施工单位或当地的起重机械和运输车辆的供应条件以及经济效益等因素综合考虑，最终选定运输方法、选择起重机械（装卸构件用）、运输车辆和运输路线。运输线路的制定应按照客户指定的地点及货物的规格和重量制定特定的路线，确保运输条件与实际情况相符。

（2）设计并制作运输架。根据构件的重量和外形尺寸进行设计制作，且尽量考虑运输架的通用性。

（3）构件主要运输方式。

1）立式运输方案。在低盘平板车上按照专用运输架，墙板对称靠放或插放在运输架上。对于内、外墙板和 PCF 板等竖向构件多采用立式运输方案。

2）平层叠放运输方式。将预制构件平放在运输车上，一件件往上叠放在一起进行运输。叠合板、阳台板、楼梯、装饰板等水平构件多采用平层叠放运输方式。

除此之外，对于一些小型构件和异形构件，多采用散装方式进行运输。

2. PC 构件的存放方法

PC 构件储存要分门别类，按"先进先出"原则堆放物料，原材料需填写"物料卡"标识，并有相应台账、卡账以供查询。对因有批次规定特殊原因而不能混放的同一物料应分开摆放。物料储存要尽量做到"上小下大，上轻下重，不超安全高度"。物料不得直接置于地上，必要时要加垫板、工字钢、木方或置于容器内，予以保护存放。物料要放置在指定区域，以免影响物料的收发管理。不良品与良品必须分仓或分区储存、管理，并做好相应标识。储存场地须适当保持通风、通气，以保证物料品质不发生变异。

（1）PC 构件的存储方案。

1）构件的存储方案主要包括：确定预制构件的存储方式、设定制作存储货架、计算构件的存储场地和相应辅助物料需求。

2）确定预制构件的存储方式。根据预制构件的外形尺寸（叠合板、墙板、楼梯、梁、柱、飘窗、阳台等）可以将预制构件的存储方式分成叠合板、墙板专用存放架存放，楼梯、梁、柱、飘窗、阳台叠放几种储放。

3）设定制作存储货架。根据预制构件的重量和外形尺寸进行设计制作，且尽量考虑运输架的通用性。

4）计算构件的存储场地。根据项目包含构件的大小、方量、存储方式、调板、装车便捷及场地的扩容性情况，划定构件存储场地和计算出存储场地面积需求。

5）计算相应辅助物料需求。根据构件的大小、方量、存储方式计算出相应辅助物料需求（存放架、木方、槽钢等）数量。

（2）PC 构件的存储要求。

1）根据库存区域规划绘制仓库平面图，表明各类产品存放位置，并贴于明显处。

2）依照产品特征、数量、分库、分区、分类存放，按"定置管理"的要求做到定区、定位、定标识。

3）库存成品标识包括产品名称、编号、型号、规格、现库存量，由仓管员用"存货标识卡"做出。

4）库存摆放应做到检点方便、成行成列、堆码整齐距离，货架与货架之间有适当间隔，码放高度不得超过规定层数，以防止损坏产品。

5）应建立健全岗位责任制，坚持做到人各有责，物各有主，事事有人管；库存物资如有损失，就会贬值、报废、盘盈、盘亏等。

6）库存成品数量要做到账、物一致，出入库构件数量及时录入计算机。

三、部品吊装

1. 吊装设备的选择和布置

目前，装配式框架结构安装常用的起重机械有自行式起重机、轨道式塔式起重机和自升式塔式起重机三类。

（1）5 层以下的民用建筑和高度在 18 m 以下的多层工业厂房及外形不规则的房屋，多采用自行式起重机。

（2）10 层以下或高度在 25 m 以下，宽度在 15 m 以内，构件重量在 2～3 t 以内，一般可采用 QT1－6 型塔式起重机或具有相同性能的其他轻型塔式起重机。

（3）10 层以上的高层装配式结构，一般采用自升式塔式起重机。

选择塔式起重机型号时，主要根据工程结构特点、平面尺寸、高度、构件重量和大小及现场实际条件、现有的技术力量和机械设备等选择。

塔式起重机的布置由建筑物的平面形状、构件重量、起重机工作性能及施工现场环境条件等因素确定。其布置方式有单侧布置、双侧布置、跨内单侧布置、跨内环形布置，如图 3.11 所示。

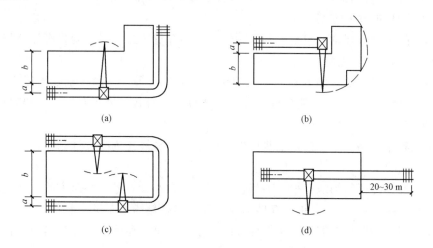

图 3.11 塔式起重机布置方案
(a)、(b) 单侧布置；(c) 双侧布置；(d) 跨内单侧布置

2. PC 构件现场布置

构件的现场布置是否合理，对提高吊装效率、保证吊装质量及减少二次搬运都有密切关系。因此，构件的布置也是多层框架吊装的重要环节之一。其原则如下：

（1）尽可能布置在起重半径的范围内，以免二次搬运；

（2）重型构件靠近起重机布置，中小型则布置在重型构件外侧；

（3）构件布置地点应与吊装就位的布置相配合，尽量减少吊装时起重机的移动和变幅；

（4）构件迭层预制时，应满足安装顺序要求，先吊装的底层构件在上，后吊装的上层构件在下。

3. 结构吊装方法

装配式框架结构安装方法包括分件安装法和综合安装法。

（1）分件安装法是起重机每开行一次吊装一种构件，如先吊装柱，再吊装梁，最后吊装板。分件安装法又可分为分层分段流水作业及分层大流水两种。

（2）采用综合安装法吊装构件时，一般以一个节间或几个节间为一个施工段，以房屋的全高为一个施工层来组织各工序的施工，起重机将一个施工段的所有构件按设计要求安装至房屋的全高后，再转入下一个施工段施工。

4. 结构构件安装

（1）柱子的安装与校正。框架结构柱截面一般为方形或矩形，为了预制和安装的方便，各层柱截面应尽量保持不变。柱长度一般 1～2 层楼高为一节，也可 3～4 层为一节，视起重性能而定。当采用塔式起重机进行吊装时，以 1～2 层楼高为宜；对 4～5 层框架结构，采用履带式起重机进行吊装时，柱长可采用一节到顶的方案。

1）柱的绑扎。多层框架柱，由于长细比较大，吊装时必须合理选择吊点位置和吊装方法。一般情况下，当柱长在 12 m 以内时可采用一点绑扎，旋转法起吊。对 14～20 m 的长柱则应采用两点绑扎起吊。应尽量避免采用多点绑扎，以防止在吊装过程中构件受力不均而产生裂缝或断裂。

2）柱的吊升。柱子的吊升方法，根据柱子的重量、现场预制构件情况和起重机性能而定，按起重机的数量可分为单机起吊和双机抬吊；按吊装方法分为旋转法和滑行法。

3）柱的临时固定与校正。柱子安装就位后需立即进行临时固定，目前，工程上大多采用环式固定器或管式支撑进行临时固定。

柱的校正一般需要 3 次，第 1 次在脱钩后电焊前进行初校；第 2 次在接头电焊后进行校正，并观测由于钢筋电焊受热收缩不均匀而引起的偏差；第 3 次在梁和楼板安装后校正，以消除梁柱接头因电焊产生的偏差。柱的校正包括垂直度校正和水平度校正。

（2）梁、板安装。框架结构的梁有普通梁和叠合梁两种。框架结构的楼板一般根据跨度和楼面荷载选择，可分为预应力空心板、预应力密肋楼板等。板一般都搁在梁上（图3.12），用细石混凝土浇灌接缝以增强结构的稳定性。梁的安装过程一般有梁的绑扎、起吊、就位、校正和最后固定。板的安装过程与柱和梁的安装过程基本相同。

图 3.12　将预制的预应力混凝土薄板吊装到预制梁之间

5. 墙板结构构件吊装

墙板安装前应复核墙板轴线、水平控制线，确定出各楼层标高、轴线、墙板两侧边线、墙板节点线、门窗洞口位置线、墙板编号及预埋件位置。

墙板安装顺序一般采用逐间封闭法。当房屋较长时，墙板安装宜由房屋中间开始，先安装两间，构成中间框架，称为标准间，然后再分别向房屋两端安装。当房屋长度较少时，可由房屋一端的第二开间开始安装，并使其闭合后形成一个稳定结构，作为其他开间安装时的依靠。

墙板安装时，应先安内墙，后安外墙，逐间封闭，随即焊接。这样可减少误差累计，施工结构整体性好，临时固定简单方便。

1.PC构件运输的准备工作主要包括哪些?

_____

_____

_____

_____

2.PC构件现场布置的原则是什么?

_____

_____

_____

_____

3.PC构件的存储要求是什么?

_____

_____

_____

_____

4.学习心得及总结:

_____

_____

_____

_____

_____

_____

本项目着重讲述了施工组织设计中的施工部署与方法。

（1）施工部署是对整个建设项目进行的统筹规划和全面安排，一般主要包括确定项目施工程序，确定项目施工方案，确定项目组织分工及确定施工准备工作计划。

（2）施工方法的确定应结合建设项目的特点和当地施工习惯，尽可能采用先进合理、切实可行的专业化、机械化施工方法。着重介绍了现浇施工及装配式施工的主要施工方法及施工要点。

测试

班级：_____   姓名：_____   成绩：_____

1. 项目施工部署的主要内容是什么？（15分）

_____

2. 地基、基础的作用分别是什么？（10分）

_____

3. 条形基础的施工要点是什么？（15分）

_____

4. 混凝土的质量检查抽样标准是什么？（15分）

_____

5. 裱糊工程施工工艺的主要顺序是什么？（15分）

_____

6. 简述混凝土预制构件生产的通用工艺流程。（15分）

_____

7. PC构件主要运输方式是什么？举例说明每种运输方式的使用情况。（15分）

_____

📖 总结

_____

_____

_____

_____

_____

项目四

流水施工

小流水，大智慧

如何用有限的人力资源去匹配偌大的施工现场呢？

我们可以从一些民间特色得到一些启发。

在重庆很多地方，民间最盛行的是"流水席"。流水席的特点不是像一般的宴席那样固定每一桌的宾客，而是客人陆续来到，随到随吃随走的酒席。吃完一道菜上一道菜，如行云流水，所以称为"流水席"。据记载，流水席有1 000多年的历史，是传统酒席。

从"流水席"中，我们可以得到启发，"人"要"流动"起来，去到不同的"桌位"。如下图所示，A工种作业队第1天至第2天在1号楼施工，作业完毕后来到2号楼施工，此时1号楼已经拥有了B工种的操作可行性。当A工种作业队第3天至第四天在2号楼施工的同时，B工种作业队在1号楼开展B工种作业。如此反复搭接，直至计划要求的作业工作结束。

施工过程	进度/天													
	1	2	3	4	5	6	7	8	9	10	11	12	13	14
A		1		2		3		4						
				1										
B						2		3		4				
						1								
C								2		3		4		
D								1		2		3		4

虽然每个工种都只有一支队，但是现场每栋楼每天都有作业。而且每个工种一直是连续作业，如同运动员一样，一直保持着"竞技状态"，当施工进行到中后期，劳动效率显著提升。

知识目标

1. 了解流水施工的概念；
2. 掌握依次施工、平行施工和流水施工的组织方式；
3. 掌握流水施工的三个基本参数；
3. 掌握全等节拍流水、异节奏流水和无节奏流水的组织形式。

教学要求

1. 能够利用流水施工原理编制横道图进度计划；
2. 能够综合应用流水施工编制工程进度计划，对项目进行优化。

重点难点

全等节拍流水、异节奏流水和无节奏流水的组织形式，以及其适用范围。

思维导图

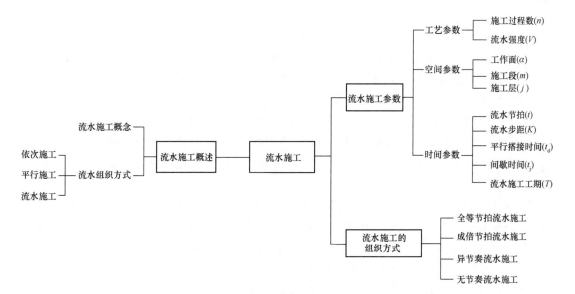

课件：流水施工

施工进度计划是施工组织设计的关键内容，可分为控制性计划和指导性计划，是控制工程施工进度和工程施工期限等各项施工活动的依据。进度计划是否合理，直接影响施工进度、成本和质量。合理安排施工进度计划，有利于组织均衡、连续的施工，有利于确保施工进度和工期，有利于后续各项资料计划的编制，有利于施工场地布置的设计。在工程建设中，流水作业是组织施工时广泛运用的一种科学有效的方法。流水作业能使工程连续、均衡施工，使工地的各种业务组织安排比较合理，可以为文明施工创造条件，同时可以降低工程成本和提高经济效益，也是施工组织设计中编制施工进度计划、劳动力调配、提高建筑施工组织与管理水平的理论基础。

任务一　流水施工概述

一、流水施工概念

流水施工是工程项目组织实施的一种管理形式。其将拟建工程按其工程特点和结构部位划分为若干个施工段，根据规定的施工顺序，由固定组织的工人（施工队），依次连续地在各施工段上完成自己的工序，使施工有节奏进行的一种施工组织方法，多采用横道图来表达。

二、流水组织方式

流水作业能使工程施工连续、均衡、有节奏，使工地的各种业务组织安排比较合理，可以为文明施工创造条件，同时，可以降低工程成本和提高经济效益，也是施工组织设计中编制施工进度计划、劳动力调配、提高建筑施工组织与管理水平的理论基础。

在工程建设施工中，考虑施工特点、工艺流程、资源利用、平面及空间布置等因素，通常，将组织施工的方法分为依次施工（也称顺序施工）、平行施工和流水施工三种主要方式。对于相同的施工对象，当采用不同的作业组织方法时，其效果也各不相同。详见以下案例。

【例 4-1】 某项目要拟建三栋同类型房屋。每栋房屋分为基础、主体、屋面三个施工过程，每个施工过程安排一个专业施工队，其中基础工作队由 15 人组成，2 周完工；主体工作队由 25 人组成，4 周完工；屋面工作队由 10 人组成，2 周完工。现分别采用依次施工组织方式、平行施工组织方式和流水施工组织方式施工。

（1）依次施工组织方式。依次施工组织方式又称顺序施工组织方式，是将拟建工程项目的整个建造过程分解成若干个施工过程，按照一定的施工顺序，前一个施工过程完成后，后一个施工过程才开始施工；或前一个工程完成后，后一个工程才开始施工。这是一种最原始、最基本的施工组织方式。其适用于场地小、规模小，资源供应不足，工期要求不紧，施工工作面有限的工程项目（图 4.1、图 4.2）。

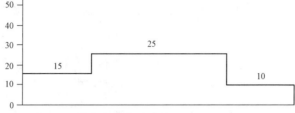

施工过程	施工队数	施工队人数	施工进度/周											
			2	4	6	8	10	12	14	16	18	20	22	24
基础	1	15	①	②	③									
主体	1	25				①		②		③				
屋面	1	10										①	②	③

图 4.1　按施工过程依次施工

①—第一栋；②—第二栋；③—第三栋

施工过程	施工队数	施工队人数	施工进度/周											
			2	4	6	8	10	12	14	16	18	20	22	24
基础	1	15	①				②				③			
主体	1	25		①				②			③			
屋面	1	10				①				②				③

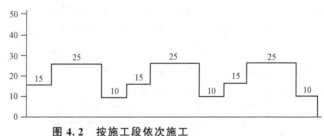

图 4.2　按施工段依次施工

①—第一栋；②—第二栋；③—第三栋

解：由图 4.1、图 4.2 可知，依次施工组织方式的特点如下：

1）没有充分地利用工作面去争取时间，工种间断，所以工期较长。本项目的建设工期为 24 周。

2）各施工专业工作队不能连续作业，产生窝工，不能实现专业化施工，不利于改进工人的操作方法和施工机具，不利于提高工程质量和劳动生产率。

3）工作面有闲置，空间不连续。

4）单位时间内投入的资源量比较少，有利于资源供应的组织工作。

5）施工现场的组织、管理比较简单。

（2）平行施工组织方式。平行施工组织方式是指在拟建工程任务十分紧迫、工作面允许及资源保证供应的条件下，可以组织几个相同的施工专业工作队，在同一时间、不同的空间上进行施工的施工组织方式。此方式适用于工期要求紧，各方资源供应有保障，大规模的建筑群及分批分期组织施工的工程项目（图 4.3）。

施工过程	施工队数	施工队人数	施工进度/周			
			2	4	6	8
基础	1	15	▬			
主体	1	25		▬	▬	
屋面	1	10				▬

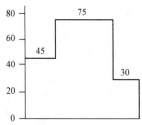

图 4.3　平行施工

解：由图 4.3 可知，平行施工组织方式的特点如下：

1）充分地利用了工作面，争取了时间，工期最短。本项目的建设工期仅为 8 周。

2）工作面充分利用，空间连续。

3）单位时间内投入的资源量成倍增加，不利于资源供应的组织工作。

4）施工现场组织、管理复杂。

（3）流水施工组织方式。流水施工组织方式是将拟建工程项目的整个建造过程分解成若干个施工过程，也就是划分成若干个工作性质相同的分部、分项工程或工序；同时，将拟建工程项目在平面上划分成若干个劳动量大致相等的施工段；在竖向上划分成若干个施工层，按照施工过程分别建立相应的施工专业工作队；各施工专业工作队按照一定的施工顺序投入施工，依次地、连续地投入施工，最大限度地、合理地搭接起来的施工组织方式（图 4.4）。

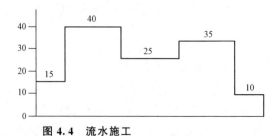

图 4.4　流水施工

①—第一栋；②—第二栋；③—第三栋

解： 由图 4.4 可知，流水施工组织方式的特点如下：

1）科学地利用了工作面，争取了时间，工期比较合理。本项目的建设工期为 16 周。

2）施工专业工作队及其工人能够连续作业，使相邻的施工专业工作队之间实现了最大限度的、合理的搭接。

3）施工专业工作队及其工人实现了专业化施工，可使工人的操作技术熟练，更好地保证工程质量，提高劳动生产率。

4）单位时间投入的资源量较为均衡，有利于资源供应的组织工作。

5）为文明施工和进行现场的科学管理创造了有利的条件。

流水施工组织方式较好地综合了依次施工和平行施工组织方式的优点，同时克服了它们两者的缺点。流水施工组织方式充分利用了时间和空间，从而达到连续、均衡、有节奏地施工的目的，缩短了工期，提高了劳动生产率，降低了工程成本。流水施工与其他施工方式的比较见表 4.1。

表 4.1　流水施工与其他施工方式的比较

施工方式	优点	缺点
依次施工	单位时间投入资源（劳动力和物质）较少，现场管理简单	工期较长（专业队的工作和工地物质都存在间隙）
平行施工	工期短，充分利用了工作面	劳动力投入量成倍增加，带来不良经济后果
流水施工	节省工作时间，实现均衡、有节奏地施工，可以提高劳动生产率	—

因此，流水施工组织方式是一种先进的、科学的施工组织方式。

任 务 实 训

1. 简述流水施工的概念。

_____

_____

2. 现有四幢相同的砖混结构房屋的基础工程施工，其施工过程如下：基槽挖土（2天）、混凝土垫层（1天）、砖砌基础（3天）、基槽回填土（1天）。现分别按依次、平行、流水、搭接四种方式组织工程施工，结果用横道图表示，并绘制劳动力动态图。

（1）依次施工：

施工过程	班组人数	施工进度/天													
		2	4	6	8	10	12	14	16	18	20	22	24	26	28
基槽挖土	16														
混凝土垫层	30														
砖砌基础	20														
基槽回填土	10														

（2）平行施工：

施工过程	班组人数	施工进度/天												
		2	4	6	8	10	12	14	16	18	20	22	24	26	28
基槽挖土	16													
混凝土垫层	30													
砖砌基础	20													
基槽回填土	10													

（3）流水施工：

施工过程	班组人数	施工进度/天												
		2	4	6	8	10	12	14	16	18	20	22	24	26	28
基槽挖土	16													
混凝土垫层	30													
砖砌基础	20													
基槽回填土	10													

（4）搭接施工：

施工过程	班组人数	施工进度/天												
		2	4	6	8	10	12	14	16	18	20	22	24	26	28
基槽挖土	16													
混凝土垫层	30													
砖砌基础	20													
基槽回填土	10													

3. 学习心得及总结：

_____

_____

_____

_____

_____

_____

_____

_____

_____

任务二　流水施工参数

在组织拟建工程项目流水施工时，用以表达流水施工在工艺流程、空间布置和时间排列等方面开展状态的参数，称为流水参数。它主要包括工艺参数、空间参数和时间参数三类。

一、工艺参数

工艺参数是指在组织流水施工时，用以表达流水施工在施工工艺上开展顺序及其特征的参数；具体来说是指将拟建工程项目的整个建造过程可分解为施工过程的种类、性质和数目的总称。通常，工艺参数包括施工过程数和流水强度两种。

1. 施工过程数（n）

建设项目组织流水施工时，通常将施工对象划分为若干子项，每个子项称为一个施工过程。施工过程所包括的范围可大可小，既可以是分部工程、分项工程，又可以是单位工程、单项工程，根据工艺性质不同，它可分为制备类施工过程、运输类施工过程和砌筑安装类施工过程三种。施工过程的数目一般以 n 表示，它是流水施工的主要参数之一。施工过程数目的多少，主要依据项目施工进度计划在客观上的作用，采用的施工方案、项目的性质和业主对项目建设工期的要求等进行确定。施工过程数划分的数目和粗细程度与下列因素有关：

（1）施工进度计划的性质与作用。施工进度计划的作用不同，施工过程数目也不同，一般情况控制性施工进度计划在划分施工过程数时要粗一些，一般只列出分部工程的名称，如基础工程、主体结构工程、装修工程、屋面工程等。实施性进度计划在划分施工过程数时要细一些，将分部工程再分解为若干个分项工程，如将主体工程分解为脚手架、构造柱筋、砌砖墙、构造柱模板等。

（2）施工方案及工程结构。施工过程的划分与工程的施工方案及结构形式有关。不同的施工方案，施工顺序和施工方法也不同，施工过程数也有所区别。某工厂建厂房，若采用砖混结构工程，流水施工一般可以合为一个施工过程；若采用现浇钢筋混凝土结构工程，流水施工应划分为钢筋、模板、混凝土三个不同的施工过程。

（3）劳动量大小。当劳动量小的施工过程组织流水施工有困难时，可与其他施工过程合并，如基础垫层劳动量较小时，可与基础开挖进行合并。

（4）施工过程的内容和工作范围。直接在工程对象上进行的施工活动及搭设施工用脚手架、运输井架、安装塔式起重机等均应划入流水施工过程，而钢筋加工、模板制作维修、构件预制、运输等一般不划入流水施工的过程中。

2. 流水强度（V）

某施工过程在单位时间内所完成的工程量，称为该施工过程的流水强度。流水强度一般以 V 表示，可分为机械操作流水强度和人工操作流水强度。

二、空间参数

在组织流水施工时，用以表达流水施工在空间布置上开展状态的参数，称为空间参数。空间参数主要有工作面、施工段和施工层三种。

1. 工作面（α）

工作面是指某专业工种的施工人员或施工机械进行施工时，必须具备的活动空间。它的大小表明了施工对象可以安置多少工人操作或布置多少机械同时施工，反映了施工过程在空间布置的可能性。它的大小是由工种单位时间内的产量定额、建筑安装工程操作规程和安全规程等的要求确定的。工作面确定的合理与否，直接影响到专业工种工人的劳动生产效率。对此，必须认真加以对待，并合理确定。主要专业工种的工作面参考数据见表 4.2。

表 4.2 主要专业工种的工作面参考数据表

工作项目	每个技工的工作面		说明
砖基础	7.6	m/人	以 1.5 砖计；2 砖乘以 0.8；3 砖乘以 0.55
砌砖墙	8.5	m/人	以 1 砖计；1.5 砖乘以 0.71；2 砖乘以 0.57
毛石墙基	3.0	m/人	以 60 cm 计
毛石墙	3.3	m/人	以 40 cm 计
混凝土柱、墙基础	8.0	m^3/人	机拌、机捣
混凝土设备基础	7.0	m^3/人	机拌、机捣
现浇钢筋混凝土柱	2.45	m^3/人	机拌、机捣
现浇钢筋混凝土梁	3.0	m^3/人	机拌、机捣
现浇钢筋混凝土墙	5.0	m^3/人	机拌、机捣
现浇钢筋混凝土楼板	5.3	m^3/人	机拌、机捣
预制钢筋混凝土柱	3.6	m^3/人	机拌、机捣
预制钢筋混凝土梁	3.6	m^3/人	机拌、机捣
预制钢筋混凝土屋架	2.7	m^3/人	机拌、机捣
预制钢筋混凝土平板、空心板	1.91	m^3/人	机拌、机捣
预制钢筋混凝土大型屋面板	2.62	m^3/人	机拌、机捣
混凝土地坪及面层	40	m^2/人	机拌、机捣
外墙抹灰	16	m^2/人	
内墙抹灰	18.5	m^2/人	
卷材屋面	18.5	m^2/人	
防水水泥砂浆屋面	16	m^2/人	
门窗安装	11	m^2/人	

在流水施工中，工作面确定得合理与否，直接决定专业施工队的生产效率。有的施工过程在施工一开始，就在整个操作面上形成了施工工作面，如场地平整、人工基槽开挖等；而有的工作面是随着上一个施工过程的完成才形成的，如混凝土浇筑、钢筋绑扎等。最小工作面对应能够安排到现场施工人员和施工机械的最大数量，决定了专业施工队上限人数的确定。

2. 施工段（m）

为了有效地组织流水施工，通常将拟建工程项目在平面上划分成若干个劳动量大致相等的施工区段，这些施工区段称为施工段。施工段是施工对象的平面划分，施工段的数目，通常以 m 表示。一般情况下，一个施工段内只安排一个施工过程的专业工作队进行施工。在一个施工段上，只有前一个施工过程的工作队提供足够的工作面，后一个施工过程的工作队才能进入该段从事下一个施工过程的施工。

施工段的作用是为了组织流水施工。由于建筑产品生产的单件性，可以说它不适用于组织流水施工；但是，建筑产品体形庞大的固有特征，又为组织流水施工提供了空间条件，可以把下个体形庞大的"单件产品"划分成具有若干个施工段、施工层的"批量产品"，使其满足流水施工的基本要求；在保证工程质量的前提下，为施工专业工作队确定合理的空间活动范围，使其按流水施工的原理，集中人力和物力，迅速地、依次地、连续地完成各施工段的任务，为相邻施工专业工作队尽早地提供工作面，达到缩短工期的目的。

施工段的划分，在不同的分部工程中，可以采用相同或不同的划分办法。在同一分部工程中最好采用统一的段数，但也不能排除特殊情况，如在单层工业厂房的预制工程中，柱和屋架的施工段划分就不一定相同。对于多幢同类型房屋的施工，可以栋号为段组织大流水施工。施工段数要适当，过多了，势必要减少工人数而延长工期；过少了，又会造成资源供应过分集中，不利于组织流水施工。

因此，为了使施工段划分得更科学、更合理，通常应遵循以下原则：

（1）施工段的划分以主导施工过程为依据。主导施工过程是指对总工期起控制作用的施工过程，如多层框架结构房屋的钢筋混凝土工程等。

（2）施工段的数目要适宜。为了充分发挥工人、主导机械的效率，每个施工段要有足够的工作面，使其所容纳的劳动力人数或机械台数，能满足合理劳动组织的要求。

（3）施工专业工作队在各个施工段上的劳动量要大致相等，其相差幅度不宜超过 10％～15％。

（4）为了保证拟建工程项目的结构整体完整性，施工段的分界线应尽可能与结构的自然界线（如沉降缝、伸缩缝等）相一致；如果必须将分界线设在墙体中间时，应将其设在对结构整体性影响少的门窗洞口等部位，以减少留槎，便于修复。

（5）对于拟建项目有层间关系，即要划分施工段，又要划分施工层，为保证相应的专业工作队在施工段与施工层之间，组织有节奏、连续、均衡地流水施工，每层施工段数目 m 应该满足：$m \geq n$。若 $m < n$ 时，则各个施工专业工作队不能连续施工，出现窝工，这是组织流水施工作业中不能允许的。

【例 4-2】 拟建 2 层装配式厂房，主体安装可分为安柱、吊梁和安梯板三个施工过程，每个施工过程完成每个施工段上的任务需要 2 天，组织施工，对 m 和 n 的关系进行以下分析。

解：$n=3$，当 $m=4$，即 $m>n$ 时，其施工进度计划如图 4.5 所示。

施工层	施工过程	施工进度/天									
		2	4	6	8	10	12	14	16	18	20
I	安柱	①	②	③	④						
	吊梁		①	②	③	④					
	安梯板			①	②	③	④				
II	安柱					①	②	③	④		
	吊梁						①	②	③	④	
	安梯板							①	②	③	④

图 4.5　$m>n$ 时的施工进度计划

（其中①、②、③、④代表施工段）

从图 4.5 中可以看出，当 $m>n$ 时，各个施工专业工作队能够连续施工，但施工段上有空闲。各个施工过程在第一层安梯板施工完成后，均空闲 2 天，但这种空闲不一定是不利的，有时还是有需要的，如利用空闲的时间做养护、备料、验收工作等。

当 $n=3$，$m=3$，即 $m=n$ 时，其施工进度计划如图 4.6 所示。

施工层	施工过程	施工进度/天							
		2	4	6	8	10	12	14	16
I	安柱	①	②	③					
	吊梁		①	②	③				
	安梯板			①	②	③			
II	安柱				①	②	③		
	吊梁					①	②	③	
	安梯板						①	②	③

图 4.6　$m=n$ 时的施工进度计划

（其中①、②、③代表施工段）

从图 4.6 中可以看出，当 $m=n$ 时，各个施工专业工作队能够连续施工，各施工段上始终有施工班组，工作面能够充分利用，既无停歇现象，也不会产生工人窝工的现象，比较理想。这是一种理论上最理想的流水施工组织方式，要求在整个施工过程不能有任何情况的延误。

当 $n=3$，$m=2$，即 $m<n$ 时，其施工进度计划如图 4.7 所示。

从图 4.7 中可以看出，当 $m<n$ 时，各个施工专业工作队不能够连续施工，施工段上没有空闲，工人会出现窝工的现象。这样，对一个建筑物组织流水施工是很不适宜的。由图 4.7 可知，安柱工作队完成第一层的任务后，要停工 2 天才能进行第二层第一段的施工，产生了窝工现象。应在组织流水施工中加以杜绝。

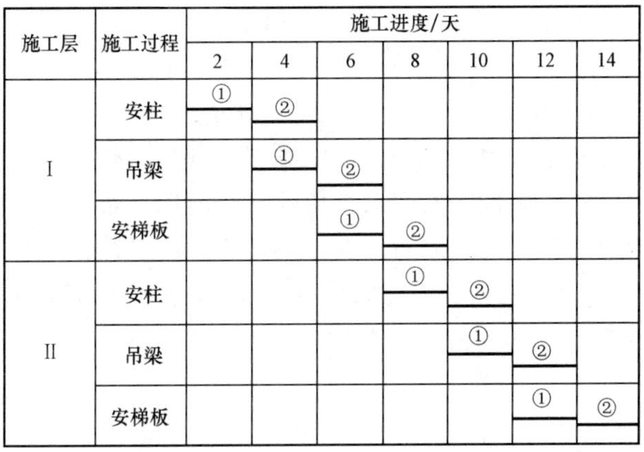

施工层	施工过程	施工进度/天						
		2	4	6	8	10	12	14
I	安柱	①	②					
	吊梁		①	②				
	安梯板			①	②			
II	安柱				①	②		
	吊梁					①	②	
	安梯板						①	②

图 4.7 $m < n$ 时的施工进度计划

（其中①、②代表施工段）

3. 施工层（j）

在组织流水施工时，除要将建筑物在平面上划分为若干施工段外，还要在竖向上划分为若干个操作层，以满足专业工种对操作高度和施工工艺的要求，这些操作层称为施工层。施工层是施工对象的垂直划分，施工层一般用符号 j 表示。

施工层的划分要按工程项目的具体情况，根据建筑物的高度、楼层来确定。

三、时间参数

在组织流水施工时，用以表达流水施工在时间排序上的参数，称为时间参数。时间参数主要包括流水节拍、流水步距、平行搭接时间、技术间歇时间、组织间歇时间、流水施工工期等。

1. 流水节拍（t）

在组织流水施工时，每个专业施工队在各个施工段上完成相应的施工任务所需的工作持续时间，称为流水节拍，通常用 t 来表示。流水节拍的大小可以反映流水施工速度的快慢、节奏感的强弱和资源消耗量的多少，其数值确定的方法主要有定额计算法、经验估算法和工期计算法三种。

（1）定额计算法。定额计算法是根据各施工段的工程量、能够投入的资源量（工人数、机械台数和材料量等）按下式进行计算：

$$t_i = \frac{Q}{S_i \cdot R_i \cdot N_i} = \frac{P_i}{R_i \cdot N_i} \tag{4-1}$$

或

$$t_i = \frac{Q \cdot H_i}{R_i \cdot N_i} = \frac{P_i}{R_i \cdot N_i} \tag{4-2}$$

式中　t_i——某专业工作队在第 i 施工段的流水节拍；

　　　Q——某专业工队在第 i 施工段要完成的工程量；

　　　H_i——某专业工作队的计划时间定额；

　　　S_i——某专业工作队的计划产量定额；

R_i——某专业工作队投入的工作人数或机械台数；

N_i——某专业工作队的工作班次；

P_i——某专业工作队在第 i 施工段需要的劳动量或接卸台班数量。

（2）经验估算法。经验估算法是依据以往的施工经验进行估算流水节拍的方法。一般为了提高其准确程度，往往先后估算出该流水节拍的最长时间、最短时间和正常时间（即最可能）三种时间，然后给这三个时间一定的权数，再计算加权平均值，根据此计算出期望时间作为某专业工作队在某施工段上的流水节拍。所以，经验估算法也称为三种时间估算法。这种方法多用于采用新工艺、新方法和新材料等没有定额可循的工程或项目。其计算公式为

$$\bar{t} = \frac{a + 4c + b}{6} \tag{4-3}$$

式中　$\bar{t}$——某施工过程在某施工段上的流水节拍；

a——某施工过程在某施工段上的最短估算时间；

b——某施工过程在某施工段上的最长估算时间；

c——某施工过程在某施工段上的正常估算时间。

（3）工期计算法。对某些施工任务在规定日期内必须完成的工程项目，往往采用倒排进度法。工期计算法是根据工期倒排进度，确定某施工过程的工作延续时间，再确定某施工过程在某施工段上的流水节拍。若同一施工过程的流水节拍不等，则用估算法；若流水节拍相等，则用式（4-4）计算。其计算公式为

$$t_i = \frac{T}{m} \tag{4-4}$$

式中　t_i——流水节拍；

T——某施工过程的工作持续时间；

m——某施工过程划分的施工段数。

在确定流水节拍时，需要考虑以下影响因素：

1）施工专业班组要适宜。施工专业班组既要满足最小劳动组合人数又要满足最小工作面的要求。人数过少或比例不当都将引起劳动生产率的下降；也不能为了缩短工期而无限制的增加人数，否则会造成工作面不足而产生窝工。

2）采用的施工方法、投入的劳动力或施工机械多少，以及工作班次的数目。

3）为避免浪费工时，流水节拍在数值上一般取整数，必要时可以保留半个班的整数倍。

2. 流水步距（K）

在组织流水施工时，相邻两个专业工作队在保证施工顺序、满足连续施工、最大限度地搭接和保证工程质量要求的条件下，相继投入施工的最小时间间隔，称为流水步距。流水步距用 K 来表示，当施工过程数为 n 时，流水步距为 $n-1$ 个。流水步距不包括搭接时间和间歇时间。

流水步距的大小对工期有着较大的影响。在施工段保持不变的情况下，流水步距越大，工期越长；反之，流水步距越小，则工期越短。

3. 平行搭接时间（t_d）

在组织流水施工时，有时为了缩短工期，在工作面允许的条件下，如果前一个专业工作队完成部分施工任务后，能够提前为后一个专业工作队提供工作面，后者提前进入前一

个施工段，两者在同一施工段上平行搭接施工。这个搭接的时间称为平行搭接时间，通常用 t_d 来表示。

4. 间歇时间（t_j）

间歇时间是指在组织流水施工时，由于施工过程之间工艺上或组织上的需要，相邻两个施工过程在时间上不能衔接施工而必须留出的时间间隔。根据间歇原因的不同，可分为技术间歇时间和组织间歇时间两种，用 t_j 表示。

技术间歇时间是指流水施工中某些施工过程完成后需要有合理的工艺间歇（等待）时间。技术间歇时间与材料的性质和施工方法有关。如设备基础，在浇筑混凝土后，必须经过一定的养护时间，使基础达到一定强度后才能进行设备安装；又如设备涂刷底漆后，必须经过一定的干燥时间，才能涂面漆等。

组织间歇时间是指流水施工中某些施工过程完成后要有必要的检查验收或施工过程准备时间。如一些隐蔽工程的检查、焊缝检验等。

5. 流水施工工期（T）

流水施工工期是指为完成一项工程任务，从第一个专业施工队进入第一个施工过程的第一段流水作业开始，到最后一个专业施工队退出最后一个施工过程的最后一段流水作业为止的整个持续时间，一般用 T 表示。其计算公式如下：

$$T = \sum_{i=1}^{n=1} K_{i,\,i+1} + T_n + \sum t_j + \sum t_z - \sum t_d \tag{4-5}$$

式中　T——流水施工工期；

$\sum_{i=1}^{n=1} K_{i,\,i+1}$——流水施工中各流水步距之和；

T_n——流水施工中最后一个施工过程的持续时间；

$\sum t_j$——所有技术间歇之和；

$\sum t_z$——所有组织间歇之和；

$\sum t_d$——所有平行搭接时间之和。

任务实训

1. 某工程在做基础的过程中用了 1 台自落式混凝土搅拌机和 3 台强制式混凝土搅拌机，各自的出料量分别为 400 L/次和 350 L/次，单次出料用时均为 1 h，问该工程在做基础时所用的混凝土搅拌机的流水强度是多少？

_____

_____

2. 现浇混凝土柱项目，工程量为 100 m³，要求在 5 d 内完工，则派多少工人施工合适？

_____

_____

3. 某六层砖混结构住宅，室内抹灰共用 60 d，已知每层分为 2 个施工段，问抹灰流水节拍为多少？

_____

_____

4. 某工程砌筑砖墙，需要总劳动量 110 工日，一班制工作，每天出勤人数为 22 人，则施工持续时间为多少天？

_____

_____

5. 识图：识别图中所有的流水施工参数。

施工过程	2	4	6	8	10	12	14	16	18	20	22	24	26	28	30	32
A		1		2		3		4								
B				1	2	3	4									
C						1			2			3			4	
D									1		2		3			4

施工过程数：_____

施工段：_____

流水节拍：_____

流水步距：_____

施工工期：_____

6. 划分施工段的基本要求是什么？

_____

_____

7. 简述流水步距和流水施工工期的概念。

_____

_____

8. 学习心得及总结：

_____

_____

_____

任务三　流水施工的组织方式

根据流水节拍的特征，流水施工方式可分为有节奏流水施工方式和无节奏流水施工方式两类。而有节奏流水施工方式又可分为等节奏流水施工方式和异节奏流水施工方式两种。其中，等节奏流水施工方式可分为全等节拍流水施工方式和成倍节拍流水施工方式两种。因此，通常所说的流水施工基本方式是指全等节拍流水施工方式、成倍节拍流水施工方式、异节奏流水施工方式和无节奏流水施工方式四种，如图4.8所示。

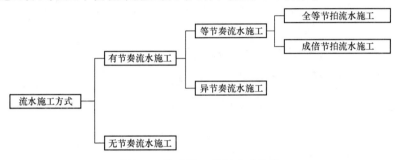

图4.8　流水施工组织方式分类

一、全等节拍流水施工

全等节拍流水施工方式又称为固定节拍流水施工方式，属于等节奏流水施工的一种。它是指在整个流水施工中，同一施工过程在各个施工段上的流水节拍值均相等，不同施工过程的流水节拍值也相等的一种流水施工方式。

1. 全等节拍流水施工的特点

（1）各个施工过程在各施工段上的流水节拍彼此相等，若有 n 个施工过程，其流水节拍为 t，即

$$t_1 = t_2 = t_3 = \cdots = t_{n-1} = t_n = t（常数）$$

（2）各流水步距彼此相等，而且等于流水节拍值，即

$$K_{1,2} = K_{2,3} = K_{3,4} = \cdots = K_{n-1,n} = K = t（常数）$$

（3）每个施工专业工作队在各施工段上都能够连续施工，各个施工段没有空闲。

（4）施工专业工作队的队数与施工过程数相等。

2. 组织全等节拍流水施工的计算步骤

（1）确定项目施工起点流向，分解施工过程，确定施工过程数 n。

（2）确定施工顺序，划分施工段，确定施工段 m。其分析如下：

1）已告知施工段数时，直接取之；

2）未告知施工段数时，又无层间关系或施工层时，取 $m = n$；

3）未告知施工段数时，有层间关系或施工层时，m 取值如下：

若一个楼层内各施工过程的技术、组织间歇时间之和为 $\sum t_j$，搭接时间之和为

$\sum t_d$，各楼层间技术、组织间歇时间之和为 Z，则：

$$m = n + \frac{\sum t_j + Z - \sum t_d}{K} \tag{4-6}$$

（3）根据全等节拍专业流水要求，确定流水节拍值 t。

（4）确定流水步距，$K = t$。

（5）计算流水施工的工期 T。

1）不考虑施工层时，计算公式如下：

$$T = \sum_{i=1}^{n-1} K_{i,\,i+1} + T_n + \sum t_j - \sum t_d = (m+n-1) \times K + \sum t_j - \sum t_d \tag{4-7}$$

式中 T——流水施工工期；

$\sum\limits_{i=1}^{n=1} K_{i,\,i+1}$——流水施工中各流水步距之和；

T_n——流水施工中最后一个施工过程的持续时间；

$\sum t_j$——楼层内组织、技术间歇时间之和；

$\sum t_d$——楼层内搭接时间之和。

2）考虑施工层时，计算公式如下：

$$T = \sum_{i=1}^{n-1} K_{i,\,i+1} + T_n + \sum t_j - \sum t_d = (m \times j + n - 1) \times K + Z - \sum t_d \tag{4-8}$$

式中 T——流水施工工期；

$\sum\limits_{i=1}^{n=1} K_{i,\,i+1}$——流水施工中各流水步距之和；

T_n——流水施工中最后一个施工过程的持续时间；

j——施工层数；

$\sum t_j$——一个楼层内组织、技术间歇时间之和；

Z——相邻施工层之间的技术、组织间歇时间之和；

$\sum t_d$——一个楼层内搭接时间之和。

（6）绘制流水施工指示图表。

3. 全等节拍流水举例

【**例 4-3**】 某工程由 A、B、C 三个分项工程组成，划分三个施工段，流水节拍均为 2 天，试组织施工，并绘制流水施工进度表。

解：$\because n=3$，$m=3$，$t=2$ 天。

$\therefore$ 此工程组织全等节拍流水施工。

（1）确定流水步距：$K=t=3$ 天。

（2）计算工期：$T=(m+n-1)t=$ $(3+3-1)\times2=10$ （天）。

（3）绘 制 流 水 施 工 进 度 表，如 图 4.9 所示。

施工过程	施工进度/天				
	2	4	6	8	10
A	①	②	③		
B		①	②	③	
C			①	②	③

图 4.9 全等节拍流水施工进度表

【例 4-4】 某工程由 A、B、C 三个分项工程组成，分为两个施工层，流水节拍均为 2 天，A、B 间有技术间歇 2 天，层间间歇 2 天，试组织施工，并绘制流水施工进度表。

解： $\because n = 3$，$j = 2$，$t = 2$ 天，$t_j = 2$ 天，$Z = 2$ 天；

$\therefore$ 此工程组织有层间关系的全等节拍流水施工。

(1) 确定流水步距：$K = t = 2$ 天。

(2) 确定施工段：

$$m = n + \frac{\sum t_j + Z - \sum t_d}{K} = 3 + \frac{2 + 2}{2} = 5$$

(3) 计算工期 $T = (5 \times 2 + 3 - 1) \times 2 + 2 = 26$ 天。

(4) 绘制流水施工进度表，如图 4.10 所示。

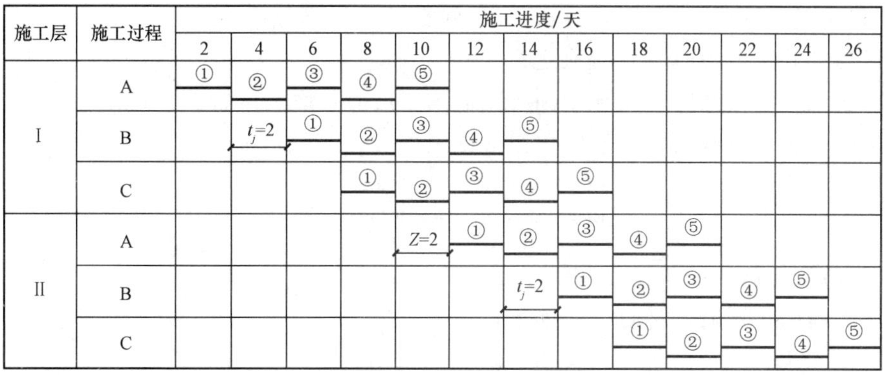

施工层	施工过程	施工进度/天												
		2	4	6	8	10	12	14	16	18	20	22	24	26
I	A	①	②	③	④	⑤								
	B		$t_j=2$ ①		②	③	④	⑤						
	C				①	②	③	④	⑤					
II	A						$Z=2$ ①	②	③	④	⑤			
	B							$t_j=2$ ①	②	③	④	⑤		
	C									①	②	③	④	⑤

图 4.10 有层间关系的全等节拍流水施工进度表

4. 全等节拍流水施工方式的使用

全等节拍流水施工的组织方式要求划分的各分部、分项工程都采用相同的流水节拍，对一个单位工程或建筑群来说比较困难，不适用于单位工程，特别是大型的建筑群，一般只适用于施工对象结构简单、工程规模较小、施工过程数不多的房屋工程或线性工程，如道路工程、管道工程等。因此，这种施工组织方式的应用面较小。

二、成倍节拍流水施工

成倍节拍流水施工组织方式是指在流水施工中，同一施工过程在各个施工段上的流水节拍值均相等，不同施工过程的流水节拍值不完全相等，但均为其中最小流水节拍值的整数倍的一种流水施工方式。

1. 成本节拍流水施工的特点

(1) 同一施工过程在各施工段上的流水节拍值均相等，不同施工过程的流水节拍值不完全相等，但均为其中最小流水节拍值（t_{min}）的整数倍；

(2) 流水步距相等，且等于最小的流水节拍值，即

$$K_{1,2} = K_{2,3} + K_{3,4} = \cdots = K_{n-1,n} = K = t_{min}$$

(3) 每个专业施工队在各施工段能够连续施工，各个施工段上没有空闲；

(4) 专业施工队的队数不等于施工过程数，即 $N \geqslant n$。

2. 组织成倍节拍流水施工的计算步骤

（1）确定项目施工起点流向，分解施工过程。

（2）确定流水步距，$K = t_{\min}$。

（3）确定各施工过程的专业施工队数和专业施工队总数：

$$D_i = \frac{t_i}{K} \tag{4-9}$$

$$N = \sum D_i \tag{4-10}$$

式中　D_i——某施工过程所要组织的专业工作队数；

　　　t_i——施工过程在第 i 施工段上的流水节拍；

　　　N——施工专业队总数。

（4）确定施工顺序，划分施工段，确定施工段 m。其分析如下：

1）已告知施工段数时，直接取之；

2）未告知施工段数时，又无层间关系或施工层时，取 $m = N$；

3）未告知施工段数时，有层间关系或施工层时，m 取值如下：

$$m = N + \frac{\sum t_j + Z - \sum t_d}{K} \tag{4-11}$$

（5）计算流水施工的工期 T。

1）不考虑施工层时，计算公式如下：

$$T = \sum_{i=1}^{n-1} K_{i,\,i+1} + T_n + \sum t_j - \sum t_d = (m + N - 1) \times K + \sum t_j - \sum t_d \tag{4-12}$$

式中　T——流水施工工期；

　　　$\sum_{i=1}^{n=1} K_{i,\,i+1}$——流水施工中各流水步距之和；

　　　T_n——流水施工中最后一个施工过程的持续时间；

　　　$\sum t_j$——楼层内组织、技术间歇时间之和；

　　　$\sum t_d$——楼层内搭接时间之和；

　　　N——施工专业队总数。

2）考虑施工层时，计算公式如下：

$$T = \sum_{i=1}^{n-1} K_{i,\,i+1} + T_n + \sum t_j - \sum t_d = (m \times j + N - 1) \times K + Z - \sum t_d \tag{4-13}$$

式中　T——流水施工工期；

　　　$\sum_{i=1}^{n=1} K_{i,\,i+1}$——流水施工中各流水步距之和；

　　　T_n——流水施工中最后一个施工过程的持续时间；

　　　j——施工层数；

　　　$\sum t_j$——一个楼层内组织、技术间歇时间之和；

　　　Z——相邻施工层之间的技术、组织间歇时间之和；

　　　$\sum t_d$——一个楼层内搭接时间之和；

N——施工专业队总数。

（6）绘制流水施工指示图表。

3. 成倍节拍流水举例

【例 4-5】 某工程由 A、B、C 三个分项工程组成，流水节拍分别为 $t_A = 2$ 天，$t_B = 6$ 天，$t_C = 4$ 天，$m = 6$。B、C 间有 2 天间歇，试组织施工，并绘制流水施工进度表。

解： $\because n = 3$，$t_A = 2$ 天，$t_B = 6$ 天，$t_C = 4$ 天，$t_j = 2$ 天，$m = 6$；

$\therefore$ 此工程组织成倍节拍流水施工。

（1）确定流水步距：$K = t_{\min} = 2$ 天。

（2）确定各施工过程的专业工作队数 D_i 和施工专业工作队总数 N：

$$D_A = \frac{t_A}{K} = \frac{2}{2} = 1 \quad D_B = \frac{t_B}{K} = \frac{6}{2} = 3 \quad D_C = \frac{t_C}{K} = \frac{4}{2} = 2$$

$$N = \sum D_i = 1 + 3 + 2 = 6$$

（3）计算工期 T。

$$T = (m + N - 1) \times K + \sum t_j = (6 + 6 - 1) \times 2 + 2 = 24 \text{（天）}$$

（4）绘制流水施工进度表，如图 4.11 所示。

施工过程	施工队	施工进度/天											
		2	4	6	8	10	12	14	16	18	20	22	24
A	I	①	②	③	④	⑤	⑥						
B	I			①			④						
	II				②			⑤					
	III					③			⑥				
C	I						①		③		⑤		
	II							②		④		⑥	

图 4.11　成倍节拍流水施工进度表

【例 4-6】 某工程项目由 A、B、C 三个施工过程组成，有两个施工层，流水节拍分别为 $t_A = 2$ 天，$t_B = 4$ 天，$t_C = 4$ 天，B、C 间有 2 天间歇，层间技术间歇 2 天。试组织施工，并绘制流水施工进度表。

解： $\because n = 3$，$t_A = 2$ 天，$t_B = 4$ 天，$t_C = 4$ 天，$t_j = 2$ 天，$Z = 2$ 天，$j = 2$；

$\therefore$ 此工程组织成倍节拍流水施工。

（1）确定流水步距 K：$K = t_{\min} = 2$ 天。

（2）确定各施工过程的专业工作队数 D_i 和施工专业工作队总数 N：

$$D_A = \frac{t_A}{K} = \frac{2}{2} = 1 \quad D_B = \frac{t_B}{K} = \frac{4}{2} = 2 \quad D_C = \frac{t_C}{K} = \frac{4}{2} = 2$$

$$N = \sum D_i = 1 + 2 + 2 = 5$$

（3）确定施工段 m：

$$m = N + \frac{\sum t_j + Z - \sum t_d}{K} = 5 + \frac{2+2}{2} = 7$$

（4）计算工期 T：

$$T = (m \times j + N - 1) \times K + Z = (7 \times 2 + 5 - 1) \times 2 + 2 = 38（天）$$

（5）绘制流水施工进度表，如图 4.12 所示。

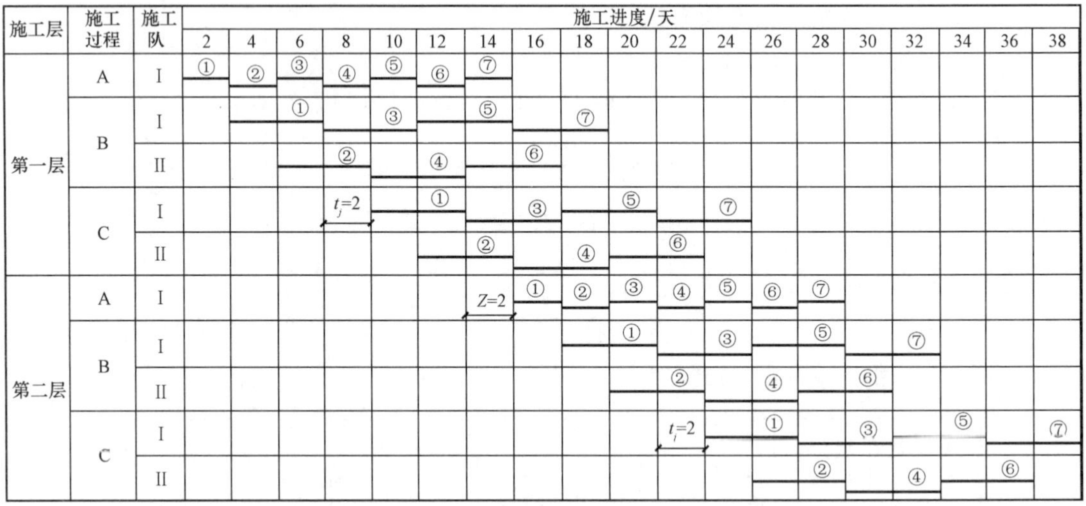

施工层	施工过程	施工队	2	4	6	8	10	12	14	16	18	20	22	24	26	28	30	32	34	36	38
第一层	A	I	①	②	③	④	⑤	⑥	⑦												
	B	I			①		③		⑤		⑦										
		II				②		④		⑥											
	C	I						$t_j=2$		①	③		⑤		⑦						
		II							②		④		⑥								
第二层	A	I							$Z=2$	①	②	③	④	⑤	⑥	⑦					
	B	I										①		③		⑤		⑦			
		II											②		④		⑥				
	C	I													$t_j=2$	①	③		⑤		⑦
		II															②		④	⑥	

图 4.12　有层间关系的成倍节拍流水施工进度表

4. 成倍节拍流水施工方式的使用

成倍节拍流水施工组织方式能加快施工进度，比较适用于线型工程的施工，如道路、管道工程等。

三、异节奏流水施工

异节奏流水施工方式是指在流水施工中，同一施工过程在各个施工段上的流水节拍均相等，不同施工过程的流水节拍不完全相等，且没有最大公约数的一种流水施工方式。

1. 异节奏流水施工的特点

（1）同一施工过程在各施工段上的流水节拍相等，不同施工过程之间的流水节拍不完全相等，且各流水节拍之间没有最大公约数；

（2）各施工过程之间的流水步距不一定相等；

（3）每个施工专业工作队在各施工段上都能够连续施工，各个施工段没有空闲；

（4）施工专业工作队的队数与施工过程数相同。

2. 组织异节奏流水施工的计算步骤

（1）确定项目施工起点流向，分解施工过程，确定施工过程数 n；

（2）确定施工顺序，明确施工段 m；

（3）根据异节奏专业流水要求，明确流水节拍值 t；

（4）确定流水步距 $K_{i,i+1}$。

$$K_{i,\,i+1} = t_i + t_j - t_d \quad (t_i \leqslant t_{i+1}) \tag{4-14}$$

$$K_{i,\,i+1} = m \times t_i - (m-1) \times t_{i+1} + t_j - t_d \quad (t_i > t_{i+1}) \tag{4-15}$$

（5）计算流水施工的工期 T。

$$T = \sum_{i=1}^{n-1} K_{i,\,i+1} + T_n \tag{4-16}$$

式中　T——流水施工工期；

$\displaystyle\sum_{i=1}^{n-1} K_{i,\,i+1}$——流水施工中各流水步距之和；

T_n——流水施工中最后一个施工过程的持续时间。

（6）绘制流水施工指示图表。

3. 异节奏流水举例

【例 4-7】　现有 4 栋同类型房屋的基础工程，分为 A、B、C、D 四个施工过程，四个施工过程在每栋房屋上的延续时间分别为 2 天、1 天、3 天、2 天，C 完成后需要 1 天的技术间歇时间。试组织施工，并绘制流水施工进度表。

解：∵$n=4$，$t_A=2$ 天，$t_B=1$ 天，$t_C=3$ 天，$t_D=2$ 天，$t_j=1$ 天，$m=4$；

∴本工程项目组织异节奏流水施工。

（1）确定流水步距 K：

ⅰ ∵$t_A=2$ 天$>t_B=1$ 天

∴$K_{AB}=m \times t_A - (m-1) t_B = 4 \times 2 - (4-1) \times 1 = 5$ 天

ⅱ ∵$t_B=1$ 天$<t_C=3$（天）

∴$K_{BC}=t_B=1$ 天

ⅲ ∵$t_C=3$ 天$>t_D=2$ 天

∴$K_{CD}=m \times t_C - (m-1) t_D + t_j = 4 \times 3 - (4-1) \times 2 + 1 = 7$（天）

（2）计算流水施工的工期 T：

$T = \sum_{i=1}^{n-1} K_{i,\,i+1} + T_n = (5+1+7) + 4 \times 2 = 21$（天）

（3）绘制异节奏流水施工图，如图 4.13 所示。

施工过程	施工进度/天																				
	1	2	3	4	5	6	7	8	9	10	11	12	13	14	15	16	17	18	19	20	21
A	①		②		③		④														
B			$K_{AB}=5$			①	②	③	④												
C						$K_{BC}=1$	①			②			③			④					
D										$K_{CD}=7$				①		②		③		④	

图 4.13　异节奏流水施工进度表

4. 异节奏流水施工方式的使用

异节奏流水施工方式一般适用于分部和单位工程组织流水施工，不同施工过程可以采用不同的流水节拍，因此，异节奏流水施工组织方式在进度安排上比等节奏流水施工组织方式更加灵活，实际应用范围也更广泛。

四、无节奏流水施工

在实际工程施工中，因为各建筑产品具有多样性，每个施工过程在各个施工段上的工程量也彼此不同，各专业施工队劳动率也具有差异，所以组织等节奏流水施工和异节奏流水施工都是很难或者不可能的。因此，在这样的情况下，只能组织无节奏流水施工。

无节奏流水施工方式是指在流水施工中，同一施工过程不同施工段上流水节拍值不完全相等的一种流水施工方式，又称为分别流水施工方式。无节奏流水施工是利用流水施工的基本概念，在保证施工工艺，满足施工顺序要求的前提下，按照一定的计算方法，确定相邻专业工作队之间的流水步距，使其在开工时间上最大限度地、合理地搭接起来，形成每个专业工作队都能连续起来工作。

1. 无节奏流水施工的特点

（1）各施工过程在各施工段上的流水节拍值不完全相等；

（2）各个施工过程之间流水步距需要计算确定；

（3）专业施工队的队数与施工过程数相同；

（4）每个专业施工队在各施工段上都能够连续施工，个别施工段可能有空闲。

2. 组织无节奏流水施工的计算步骤

（1）确定项目施工起点流向，分解施工过程，确定施工过程数 n；

（2）确定施工顺序，明确施工段 m；

（3）根据异节奏专业流水要求，明确流水节拍值 t；

（4）按照"逐段累加、错位相减、差值取大"的原则确定相邻两个施工过程之间的流水步距 K：

①将每个施工过程的流水节拍值逐段累加；

②相邻两个施工过程流水节拍值的累加数列错位相减，得到一组差数；

③取差数中的最大值加上该相邻两个施工过程之间间歇时间或减去该相邻两个施工过程之间搭接时间，即该相邻两个施工过程之间的流水步距。

（5）计算流水施工的工期 T。

$$T = \sum_{i=1}^{n-1} K_{i,\ i+1} + T_n \tag{4-17}$$

式中　　T——流水施工工期；

$\displaystyle\sum_{i=1}^{n-1} K_{i,\ i+1}$——流水施工中各流水步距之和；

T_n——流水施工中最后一个施工过程的持续时间。

（6）绘制流水施工指示图表。

3. 无节奏流水举例

【例4-8】 某项目部拟承建某工程，该工程有 A、B、C、D 四个施工过程。施工时在平面上划分成Ⅰ、Ⅱ、Ⅲ、Ⅳ四个施工段，每个施工过程在各个施工段上的流水节拍值见表4.3，规定施工过程 B 完成后，其相应的施工段至少养护 1 天。试组织施工，并绘制流水施工进度表。

表 4.3　某工程流水节拍值

n \ m	I	II	III	IV	n \ m	I	II	III	IV
A	3	2	2	3	C	2	1	2	4
B	1	3	4	3	D	4	2	3	3

解： 由题意可知，组织无节奏流水施工方式。

1）求流水节拍值的累加数列。

$$A:\quad 3,\quad 5,\quad 7,\quad 10;$$
$$B:\quad 1,\quad 4,\quad 8,\quad 11;$$
$$C:\quad 2,\quad 3,\quad 5,\quad 9;$$
$$D:\quad 4,\quad 6,\quad 9,\quad 12$$

2）确定流水步距 K。

① K_{AB}

$$
\begin{array}{rrrrr}
3 & 5 & 7 & 10 & \\
-)\ & 1 & 4 & 8 & 11 \\
\hline
3 & 4 & 3 & 2 & -11
\end{array}
$$

$$K_{AB}=\max\,(3,\,4,\,3,\,2,\,-11)=4\,（天）$$

② K_{BC}

$$
\begin{array}{rrrrr}
1 & 4 & 8 & 11 & \\
-)\ & 2 & 3 & 5 & 9 \\
\hline
1 & 2 & 5 & 6 & -9
\end{array}
$$

$$K_{BC}=\max\,(1,\,2,\,5,\,6,\,-9)+1=6+1=7\,（天）$$

③ K_{CD}

$$
\begin{array}{rrrrr}
2 & 3 & 5 & 9 & \\
-)\ & 4 & 6 & 9 & 12 \\
\hline
2 & -1 & -1 & 0 & -12
\end{array}
$$

$$K_{CD}=\max\,(2,\,-1,\,-1,\,0,\,-12)=2\,（天）$$

3）计算流水施工的工期 T。

$$T=\sum_{i=1}^{n-1}K_{i,\,i+1}+T_n=(4+7+2)+12=25（天）$$

4）绘制流水施工指示图表（图 4.14）。

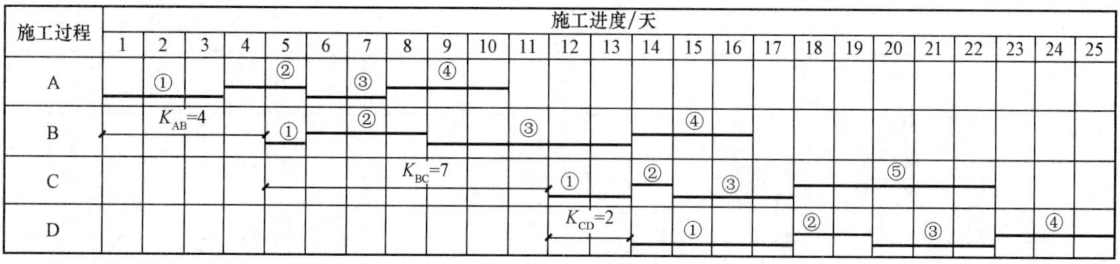

图 4.14　无节奏流水施工进度表

4. 无节奏流水施工方式的使用

无节奏流水施工方式适用于各种不同结构性质和规模的工程施工。这种施工方式不像有节奏流水施工方式那样有一定的时间规律约束，在进度安排上比较灵活、自由，因此，这种方法较为实际，应用范围也比较广，是实际工程中应用最多的一种组织施工方法。

任务 实训

1. 全等节拍流水施工

练习1：某分项工程可划分为 A、B、C、D 四个施工过程，每个施工过程分为 5 个施工段，流水节拍均为 3 天，试组织全等节拍流水施工，计算工期。

_____

_____

_____

_____

练习2：某分部工程可划分为 A、B、C、D 四个施工过程，每个施工过程划分为 3 个施工段，其流水节拍均为 3 天，其中施工过程 A 与 B 之间有 3 天的间歇时间，施工过程 C 与 D 之间有 3 天的间歇时间。试组织等节奏流水，绘制进度计划并计算流水施工工期。

施工过程	施工进度/天															

练习3：若分两层施工，两层之间有三天的层间间歇，绘制两层的总体流水施工计划。此时流水施工存在什么问题？

_____

_____

_____

_____

练习 4：为保证工作队伍连续施工，施工段取多少？施工段与施工过程数及间歇之间要满足什么关系？

施工过程	施工进度/天								

练习 5：现有 1 栋 2 层楼房的装修工程，该装修工程包括墙面抹灰、地面面层、室内粉刷、安装门窗 4 个施工过程，流水节拍均为 4 天，地面面层后间歇 2 天才进行室内粉刷，层间间歇 2 天，各施工过程的工程量产量定额见下表。

序号	施工过程	工程量	产量定额
1	墙面抹灰	4 000 m^2	8 m^2/工日
2	地面面层	2 000 m^2	10 m^2/工日
3	室内粉刷	5 000 m^2	25 m^2/工日
4	安装门窗	600 m^2	25 m^2/工日

问题：
①组织等节奏流水施工，并画出流水施工的横道计划图表。

_____

_____

②确定每个施工专业队的人数。

_____

_____

2. 成倍节拍流水施工

练习 1：某路基分部工程有 A、B、C、D 四个施工过程，$m=4$，流水节拍分别为 $t_A=2$ 天，$t_B=6$ 天，$t_C=4$ 天，$t_D=4$ 天，试组织成倍节拍流水施工，计算工期。

_____

_____

_____

练习 2：某 8 栋同类型房屋的基础组织流水作业施工。施工段为 4，3 个施工过程 A、B、C 的流水节拍分别为 4 天、4 天、6 天。A、B 之间有 2 天技术间歇。试确定流水步距、工作队数，并绘制流水施工进度表。

施工过程	施工进度/天																	

3. 不等节拍流水施工

练习 1：有三幢同类型房屋的钢筋混凝土工程，分扎筋、支模、浇混凝土 3 个施工过程，它们在每幢房屋上的延续时间分别为 3 天、2 天、5 天，请组织不等节拍流水，并计算流水步距和工期。

施工过程	施工进度/天																	

练习 2：有三幢同类型房屋的基础工程，分挖土、垫层、砌基础、回填土 4 个施工过程，它们在每幢房屋上的延续时间分别为 4 天、2 天、5 天、2 天，垫层完成后需要有一天的干燥时间。请组织不等节拍流水，并计算流水步距和工期，绘制流水施工进度计划。

施工过程	施工进度/天																	

4. 无节奏流水施工

练习：某单层工业厂房分为 4 个施工段，如下所示：吊装之后有 3 天的组织间歇，试计算工期并绘制横道进度表。

工序	施工段				工序	施工段			
	I	II	III	IV		I	II	III	IV
基础	2	5	7	5	吊装	4	3	3	4
预制	2	4	5	3	装饰	4	2	3	4

施工过程	施工进度/天														

5. 学习心得及总结：

本项目着重讲述了流水施工的基本概念、流水施工的参数和流水施工的基本方式。

（1）流水施工是搭接施工方式的一种特定形式，它集合了依次施工方式、平行施工方式和搭接施工方式的优点，可以保证同一施工过程生产的连续性和均衡性，又使不同施工过程工作队之间尽可能平行搭接施工。

（2）流水施工的参数对于流水施工在时间和空间上有关键作用，着重介绍各个流水施工参数的确定，针对具体情况合理安排。

（3）流水施工按照节拍的不同可以组织为全等节拍流水施工、成倍节拍流水施工、异节拍流水施工和无节奏流水施工四种流水施工方式，它们有各自的特点和适用范围，应根据具体工程灵活选择应用。

测试

班级：_____ 姓名：_____ 成绩：_____

1. 某工程划分为 A、B、C、D 四个施工过程，不分层，流水节拍均为 4 天，AB 之间有 2 天技术间歇，CD 之间有 2 天搭接。试计算流水施工工期。（5 分）

2. 某工程划分为 A、B、C、D 四个施工过程，分两层施工，流水节拍均为 4 天，AB 之间有 2 天技术间歇，CD 之间有 2 天搭接。层间间歇为 4 天，试计算流水施工工期并绘制进度计划横道图。（15 分）

施工过程	施工进度/天														

3. 某工程划分为 A、B、C、D 四个施工过程，不分层，A、B、C、D 四个过程的流水节拍为 2 天、2 天、4 天、4 天，AB 之间有 2 天技术间歇，CD 之间有 2 天搭接。计算流水施工工期。（5 分）

4. 某工程划分为 A、B、C、D 四个施工过程，A、B、C、D 四个过程的流水节拍为 3 天、2 天、3 天、4 天，AB 之间有 2 天技术间歇，CD 之间有 2 天搭接。试计算流水施工工期及绘制横道图。（15 分）

施工过程	施工进度/天																	

5. 如下图所示，若工期规定为 18 天，试组织全等节拍流水施工，并分别画出其横道图，劳动力动态变化曲线。若工期不规定，组织不等节拍流水施工，分别画出其横道图，劳动力动态变化曲线。（20 分）

施工过程	工程总量		产量定额	班组人数/人		流水段数
	单位	数量		最低	最高	
A	m^2	600	5 m^2/工日	10	15	4
B	m^2	960	4 m^2/工日	10	20	4
C	m^2	1 600	5 m^2/工日	10	40	4

施工过程	施工进度/天																	
劳动力变化曲线																		

6. 某住宅共有四个单元，划分为 4 个施工段，其基础工程的施工过程分为：土方开挖；铺设垫层；绑扎钢筋；浇捣混凝土；砌筑砖基础；回填土。各施工过程的工程量、每一工日（或台班）的产量定额、专业工作队队数见下表，由于铺设垫层施工过程和回填土施工过程的工程量较少，为简化流水施工的组织，将垫层与回填土这两个施工过程所需要的时

间作为间歇时间来处理，各自预留 1 天时间。浇捣混凝土与砌筑基础之间的工艺间歇时间为 2 天。（30 分）

施工过程	工程量	单位	产量定额	工作队对数
土方开挖	780	m³	65	1
铺设垫层	42	m³	—	—
绑扎钢筋	10 800	kg	450	2
浇捣混凝土	216	m³	1.5	12
砌筑砖基础	330	m³	1.25	22
回填土	58	m³	—	—

问题：

（1）流水施工的参数有哪几种？计算该基础工程各施工过程在各施工段上的流水节拍和工期并绘制流水施工的横道计划。

（2）如果该工程的工期为 18 d，按等节奏流水施工方式组织施工，则该工程的流水节拍和流水步距应为多少？

_____

_____

_____

7. 某分部工程由四个施工过程组成，流水节拍见下表，试计算各施工过程之间的流水步距及该工程的工期，绘制进度计划表。（10 分）

施工过程 \ 施工段	施工段持续时间/天					
	①	②	③	④	⑤	⑥
Ⅰ	2	3	2	3	1	5
Ⅱ	3	1	2	1	6	4
Ⅲ	2	1	2	5	2	2
Ⅳ	1	2	1	3	4	2

📖 **总结**

_____

_____

_____

_____

项目五

网络计划

预则立，不预则废

"凡事预则立，不预则废"典出《礼记·中庸》。鲁哀公请教孔子为政之道，孔子提出为政的根本在于选贤任能，修身以仁。他为鲁哀公广说修身治天下之道，阐发"五达道"与"三达德"。在讲明行"九经"之法后，孔子说："凡事豫则立，不豫则废。言前定则不跲，事前定则不困，行前定则不疚，道前定则不穷。""豫"同"预"，两者均有预先计划、准备之义，此言旨在强调完善的规划对于国家发展的重要意义。

同样的，在施工管理过程中，事前的准备和计划对于项目的成功与否也有着重要的意义。建设工程项目管理的三大目标分别是质量、成本和工期。网络计划就是重要的施工进度计划工具，通过网络计划对施工项目的进度进行合理地规划和安排，使施工项目能够在保证质量和合理的资金条件下，如期完成施工任务。

知识目标

1. 了解网络计划技术；
2. 掌握双代号网络计划、单代号网络计划和双代号时标网络计划的绘制；
3. 掌握双代号网络计划、单代号网络计划时间参数的计算；
4. 熟悉进度控制与优化；
5. 熟悉 BIM 技术与进度计划的编制。

教学要求

1. 能够绘制网络计划；
2. 能够计算网络计划的时间参数，确定工作时差和关键线路；
3. 能够利用前锋线对网络计划进行跟踪控制，并进行优化。

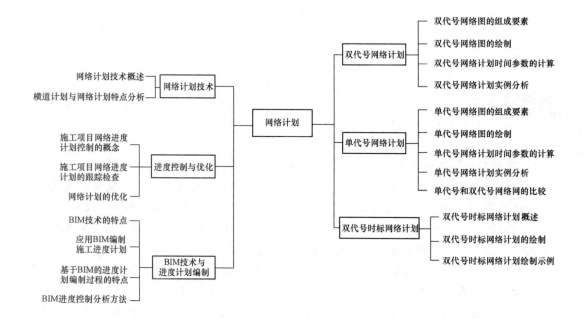

课件：网络计划

从 20 世纪初，H. L·甘特创造了"横道图法"，人们都习惯于用横道图来表示工程项目进度计划。随着现代化生产的不断发展，项目的规模越来越大，影响因素越来越多，项目的组织管理工作也越来越复杂。

1956 年，为了适应对复杂系统进行管理的需要，美国杜邦·耐莫斯公司的摩根·沃克与莱明顿公司的詹姆斯·E·凯利合作，利用公司的 Univac 计算机，开发了面向计算机描述工程项目的合理安排进度计划的方法，即 Critical Path Method（简称 CPM），后来被称为关键路线法；在 1958 年年初，将该方法用于一所价值一千万美元的新化工厂的建设，经过与传统的横道图对比，结果使工期缩短了 4 个月。后来，此法又被用于设备维修，使后来因设备维修需要停产 125 小时的工程缩短 78 小时，仅一年就节约了近 100 万美元。从此，网络计划技术的关键线路法得以广泛应用。

任务一　网络计划技术

一、网络计划技术概述

20 世纪 60 年代初期，在著名数学家华罗庚教授的倡导下，我国逐步在国民经济各个部门试点应用网络计划技术，随着不断地实践探索和实际应用，网络计划技术在我国得到了很好的推广与发展。网络计划的有效运用能够为工程的完成节省大量的时间并节约大笔的资金。

网络计划技术是由节点、箭线和线路三个要素组成的一种网状图形，用于表示各项计划或工程开展顺序的工作流程图。按照其所用符号的意义不同，网络图可分为双代号和单代号两种表示方法，如图 5.1 和图 5.2 所示。

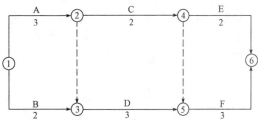

图 5.1　双代号网络图

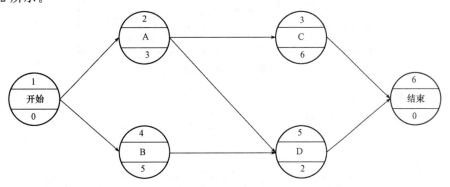

图 5.2　单代号网络图

根据以上网络流程图中所示各工作之间的逻辑关系，可以通过参数的计算找出关键工作，确定关键线路，从而可以不断地改善计划安排，选择最优方案，实现有效的控制和监督。

二、横道计划与网络计划特点分析

1. 横道计划

横道计划也称甘特图，是由一系列的横线条结合时间坐标表示各项工作起始点和先后顺序的整个计划，并在第一次世界大战之后得到了广泛应用。它具有以下优缺点：

（1）优点。比较容易编制，表达方式简单、直观、明了、易懂，便于检查和统计资源需求情况；流水作业排列有序，流水情况表达清楚；能够结合时间坐标，清楚的表达各项工作的起止时间、作业时间、工程进度、总工期等。

（2）缺点。不能全面而准确地反映出各项工作之间相互制约、相互依赖、相互影响的关系；不能明确指出整个计划中的关键工作，确定关键线路，找不出可以灵活利用的机动时间；不能对计划作出准确的评价，不能进行科学的调整与优化。

2. 网络计划

网络计划是由节点、箭线和线路组成的一种网状图形，用于表示计划或工程各项工作之间的先后顺序。它与横道计划相比具有以下优缺点：

（1）优点。能够全面而明确地反映出各项工作之间相互依赖、相互制约的关系；能够确定各项工作的开始和结束时间，并能找出关键工作和线路；可以利用计算机进行管理的科学化，能利用计算得出某些工作的机动时间；在计划实施过程中能进行有效的控制和调整。

（2）缺点。流水作业不能清楚地在网络计划上反映出来；绘图较为麻烦，表达不是很直观；不易看懂，不易显示资源平衡情况等。

【例 5-1】 某工程分为三个施工段，有支模、绑扎钢筋、浇筑三个施工过程，流水节拍分别为 2 周、2 周、1 周，试组织流水施工。

解：1）横道计划（图 5.3）：

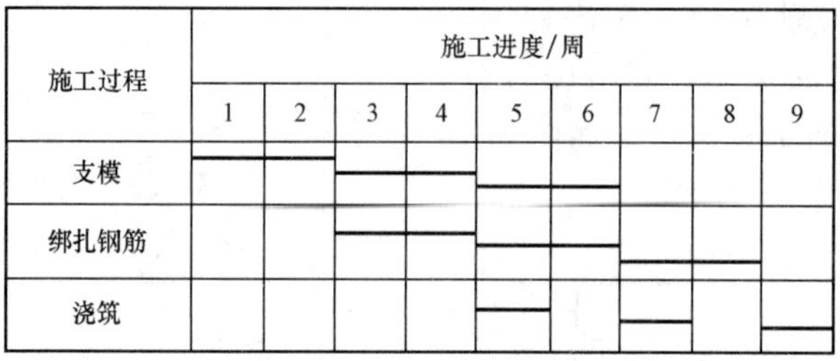

施工过程	施工进度/周								
	1	2	3	4	5	6	7	8	9
支模									
绑扎钢筋									
浇筑									

图 5.3　横道计划

2）网络计划（图 5.4）：

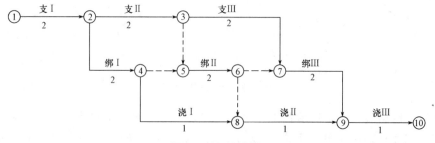

图 5.4　网络计划

1. 简述网络计划的概念。

_____

_____

_____

_____

_____

_____

2. 简述网络计划的特点。

_____

_____

_____

_____

_____

_____

3. 学习心得及总结：

_____

_____

_____

_____

_____

_____

_____

任务二　双代号网络计划

一、双代号网络图的组成要素

双代号网络图是由表示工作的若干箭线和节点组成的一种网状图形。其中，一条箭线与其两端的节点共同组织一个工作，也可称为一个过程或一个活动。双代号网络图由箭线、节点和线路三个基本要素组成。

1. 箭线

在双代号网络图中，一条箭线与其两端的节点共同组织一个工作。这个工作可以是一个简单的施工过程，也可以是一个复杂的工程任务。一项工作的大小和范围取决于所绘制的网络计划的作用，如果是控制性的网络计划工作的范围就会大一些，如果是指导性的网络计划工作的范围就会小一些。工作的名称表示在箭线的上方，完成此工作所需消耗的时间表示在箭线的下方，如图 5.5 所示。

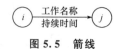

图 5.5　箭线

双代号网络图包括实箭线和虚箭线两种箭线，两者所表示的含义是不同的。

（1）实箭线。一条实箭线代表一项实工作，需要消耗时间和资源，如挖土、垫层、绑扎钢筋等；或者表示一个施工过程，只消耗时间而不消耗资源，如混凝土的养护等。分别表示如图 5.6 所示。

图 5.6　双代号网络图工作示意

（2）虚箭线。虚箭线在双代号网络图中只表示某些工作之间的相互依赖、相互制约的关系，既不消耗时间也不消耗空间和资源。即虚箭线表示虚工作，仅仅表达工作之间的逻辑联系，如图 5.7 所示。

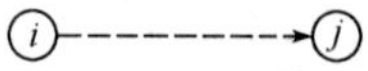

图 5.7　虚工作的表示

虚工作在双代号网络图中具有联系、区分和断路的作用。

（3）双代号网络图中工作间的关系。双代号网络图中工作间的关系主要有紧前工作、紧后工作和平行工作三种，如图 5.8 所示。

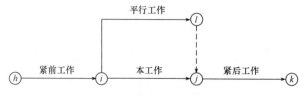

图 5.8　双代号网络工作间的关系

1）紧前工作：紧排在本工作开始之前的工作称为本工作的紧前工作。

2）紧后工作：紧排在本工作完成之后的工作称为本工作的紧后工作。

3）平行工作：可与本工作同时进行的工作称为本工作的平行工作。

2. 节点

在双代号网络图中，节点是指箭杆进入或引出处带有编号的圆圈（或方框）。它表示一项工作的开始时刻或结束时刻，是工作的连接点。

（1）节点的分类。一项网络计划的第一个节点，称为该项网络计划的起始节点，它是整个项目计划的开始节点；一项网络计划的最后一个节点，称为终点节点，表示一项计划的结束。其余节点称为中间节点。

每个工作箭尾所指节点为该工作的开始节点，箭头所指节点为该工作的结束节点。

（2）节点的编号。为了便于网络图的检查和计算，通常需要对网络图各节点进行编号，如图 5.9 所示。节点编号必须满足以下原则：

1）箭尾节点的编号一定小于箭头节点的编号，即 $i < j$；

2）节点编号顺序应从小到大，可不连续，但不能漏编，且严禁重复。

3. 线路

在双代号网络图中，从起点节点沿箭线方向经过一系列箭线和节点直到终点节点为止，所形成的路线，称为线路。通常，在一个网络图中，从起点节点到终点节点，一般都存在着许多条线路，图 5.9 中一共有六条线路，每条线路都包含若干项工作，这些工作的持续时间之和就是该条线路的时间长度，即线路上总的工作持续时间。双代号网络（图 5.9）的各条线路总持续时间见表 5.1。

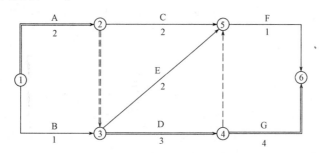

图 5.9　双代号网络图

表 5.1　图 5.9 双代号网络图中各线路的总持续时间

线路	持续时间/天
①→②→⑤→⑥	5
①→②→③→⑤→⑥	5
①→②→③→④→⑥	9
①→③→④→⑥	8
①→③→⑤→⑥	4
①→③→④→⑤→⑥	5

在一项计划的所有线路中，持续时间最长的线路，其对整个工程的完工起着决定性作用，因此，在网络图中持续时间最长的线路称为关键线路。关键线路上的工作称为关键工作。图 5.9 中持续时间最长的线路是 ① $\xrightarrow[2]{A}$ ② $\xrightarrow{0}$ ③ $\xrightarrow[3]{D}$ ④ $\xrightarrow[4]{G}$ ⑥，总持续时间为 9 天，该计划的工期为 9 天，关键工作有 A、D、G 三个。

双代号网络图中关键线路宜用粗箭线、双箭线或彩色箭线标注，以突出其在网络计划中的重要位置。一个网络图中，至少有一条关键线路，非关键线路在某些情况下会转变为关键线路。

二、双代号网络图的绘制

1. 双代号网络图逻辑关系的表示

双代号网络图的绘制必须正确地表达已定的各个工作之间客观和主观上的逻辑关系。其表示方法见表 5.2。

表 5.2　各工作间逻辑关系的表示

序号	工作之间的逻辑关系	网络图中的表示方法	说明
1	A 工作完成后进行 B 工作		A 工作的结束节点是 B 工作的开始节点
2	A、B、C 三项工作同时开始		A、B、C 三项工作具有共同的开始节点
3	A、B、C 三项工作同时线路束		A、B、C 三项工作具有共同的结束节点
4	A 工作完成后进行 B 和 C 工作		A 工作的结束节点是 B、C 工作的开始节点
5	A、B 工作结束后，C 工作才能开始		A、B 工作的结束节点是 C 工作的开始节点
6	A、B 工作结束后，C、D 工作才能开始		A、B 工作的结束节点是 C、D 工作的开始节点

序号	工作之间的逻辑关系	网络图中的表示方法	说明
7	A 工作完成后进行 C 工作，A、B 工作完成后进行 D 工作	A → C B → D（引入虚箭线）	引入虚箭线，使 A 工作成为 D 工作的紧前工作
8	A、B、C 工作完成后，D 工作才能开始，B、C 工作完成后，E 工作才能开始	A → D B → E C	引入虚箭线，使 B、C 工作成为 D 工作的紧前工作
9	A、B 工作完成后进行 D 工作，B、C 工作完成后进行 E 工作	A → D B C → E	加入两道虚箭线，使 B 工作成为 D、E 工作共同的紧前工作

2. 绘制双代号网络图的基本规则

双代号网络图的绘制除必须满足各个工作之间的逻辑关系外，还必须要遵循以下相关的基本规则。

（1）一个双代号网络图中，只能有一个起点节点和一个终点节点。如图 5.10（a）所示，网络图中出现了①和③两个起点节点，也出现了⑦和⑨两个终点节点，这都是错误的。

（2）在网络图中，不允许出现循环回路。如图 5.10（b）所示，③、④、⑤这三个节点之间出现了循环回路，无法正确的表达出其之间的逻辑关系，是错误的。

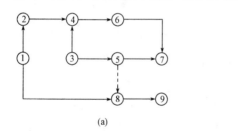
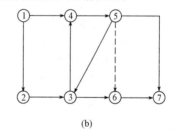

(a)　　　　　　　　　　　　　　　　　(b)

图 5.10　双代号网络图（一）

（a）出现多起点节点和多终点节点；（b）出现循环回路

（3）在网络图中，不允许出现没有箭尾节点和没有箭头节点的箭线，如图 5.11 所示。

(a)　　　　　　　　　　　　　　　　　(b)

图 5.11　双代号网络图（二）

（a）出现无箭尾节点的箭线；（b）出现无箭头节点的箭线

（4）在网络图中，不允许出现带有双向箭头或无箭头的连线，如图 5.12 所示。

图 5.12 双代号网络图（三）

（a）无箭头的连线；（b）带双向箭头的连线

（5）网络图布局要规整，层次清楚，重点突出。尽量采用水平箭线和垂直箭线，少用斜箭线，尽量避免交叉箭线。当交叉不可避免时，可采用过桥法、断线法、指向法等方法表示，如图 5.13 所示。

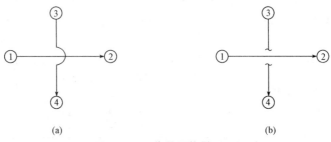

图 5.13 双代号网络图（四）

（a）过桥法；（b）断线法

（6）当网络图的起点节点有多条外向箭线或终点节点有多条内向箭线时，为使图形简洁，在不违背一项工作只有唯一的一条箭线和相应的一对节点编号的前提下，可用母线法绘制，如图 5.14 所示。

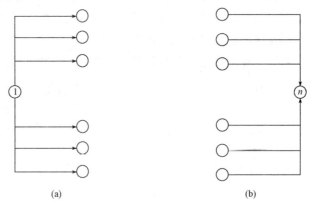

图 5.14 双代号网络图（五）

（a）起点节点有多条外向箭线；（b）终点节点有多条内向箭线

（7）准确把握虚工作的作用，正确使用虚箭线，如图 5.15（b）、（c）正确的表达了 A、B 两个平行工作之间的逻辑关系，图 5.15（a）是错误的。图 5.16（a）中⑥到⑧、⑦到⑧之间的虚箭线是多余的，正确的画法如图 5.16（b）所示。

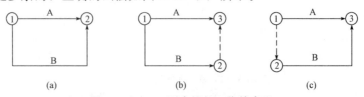

图 5.15 A、B 两个平行工作的表示

（a）错误；（b）、（c）正确

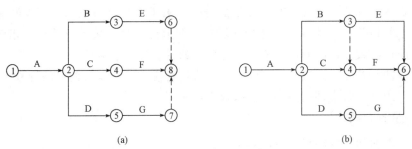

图 5.16　虚箭线的正确使用

（a）错误；（b）正确

【**例 5-2**】　A、B、C、D 四个工作，它们的工作关系是 A、B 工作同时开始，A、B 工作完成后做 C 工作，B 工作完成后做 D 工作，试绘制双代号网络图。

解：根据以上各个工作之间的逻辑关系，绘制出双代号网络图如图 5.17 所示。

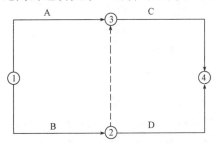

图 5.17　双代号网络图（六）

【**例 5-3**】　试根据表 5.3 所示的各工作的逻辑关系，绘制双代号网络图。

表 5.3　各工作的逻辑关系

工作	A	B	C	D	E	F	G	H
紧前工作	—	A	A	A	BCD	CD	D	EFG
紧后工作	BCD	E	EF	EFG	H	H	H	—

解：根据以上各个工作之间的逻辑关系，绘制出双代号网络图如图 5.18 所示。

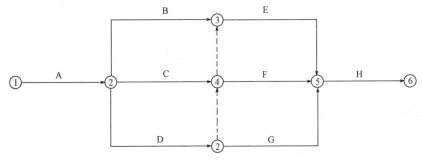

图 5.18　双代号网络图（七）

三、双代号网络计划时间参数的计算

为了对网络计划进行有效的优化和控制，在掌握了网络图绘制以后，就要对网络计划中的时间参数进行计算。双代号网络计划的时间参数主要包括节点的时间参数和工作的时间参数两种。其计算方法通常包括分析计算法、图上计算法、表上计算法、矩阵计算法和电算法等。下面主要介绍时间参数的分析计算法和图上计算法两种。

分析计算法是按公式进行计算；图上计算法是直接在已绘制好的网络计划上进行计算，并进行标注，因此，常常把这两种方法结合起来应用。

1. 节点的时间参数

（1）节点的时间参数的符号（图 5.19）：

ET_i——i 节点的最早时间；

LT_i——i 节点的最迟时间；

ET_j——j 节点的最早时间；

LT_j——j 节点的最迟时间。

图 5.19　节点的时间参数

（2）节点的时间参数的计算。

1）计算节点最早时间（ET_i）。节点的最早时间就是该节点之前的所有工作全都完成之后，该节点之后的工作最早可能开始的时间。通常规定双代号网络计划起点节点的最早时间为零，其他节点的最早时间等于从起点节点到达该节点的各线路中累加时间的最大值。其计算公式如下：

$$ET_i = 0 \quad \text{——} i \text{ 节点是起点节点} \tag{5-1}$$

$$ET_j = \max[ET_i + D_{i-j}] \quad \text{——} j \text{ 节点不是起点节点} \tag{5-2}$$

式中　D_{i-j}——表示工作 $i-j$ 的持续时间。

【例 5-4】　如图 5.20 所示，试计算节点的最早时间。

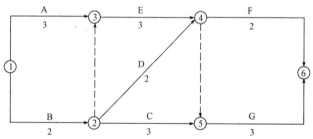

图 5.20　双代号网络图（八）

解：按照式（5-1）和式（5-2），计算过程如下：

节点	计算过程 $ET_j = \max[ET_i + D_{i-j}]$	节点最早时间 ET_j
①	0	0
②	0+2=2	2
③	0+3=3 2+0=2	3

④	$\left.\begin{array}{l}3+3=6\\2+2=4\end{array}\right\}$	6
⑤	$\left.\begin{array}{l}6+0=6\\2+3=5\end{array}\right\}$	6
⑥	$\left.\begin{array}{l}6+2=8\\6+3=9\end{array}\right\}$	9

图上表示法如图 5.21 所示。

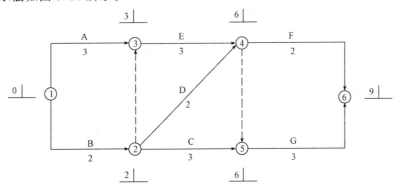

图 5.21　图上表示法 1

2）计算节点最迟时间（LT_i）。节点的最迟时间就是在不影响终点节点的最迟时间前提下，结束于该节点的各工序最迟必须完成的时间。通常，终点节点的最迟时间应以工程总工期为准，而当无规定的情况下，工程总工期就等于终点节点的最早时间，也就是说终点节点的最迟时间就等于终点节点的最早时间。其他节点的最迟时间等于从终点节点逆向到达该节点的各线路中累减时间的最小值。其计算公式如下：

$$LT_n = ET_n \qquad\text{——}n\text{ 节点为终点节点，且未规定工期} \tag{5-3}$$
$$LT_i = \min[\,LT_j - D_{i-j}\,] \qquad\text{——}i\text{ 节点不是终点节点} \tag{5-4}$$

【例 5-5】　如图 5.20 所示，工期未规定，试计算节点的最迟时间。

解：按照式（5-3）和式（5-4）计算过程如下：

节点	计算过程 $LT_i = \min[LT_j - D_{i-j}]$	节点最晚时间 LT_i
⑥	ET_n	9
⑤	$9-3=6$	6
④	$\left.\begin{array}{l}6-0=6\\9-2=7\end{array}\right\}$	6
③	$\left.\begin{array}{l}6-3=3\\3-0=3\end{array}\right\}$	3
②	$\left.\begin{array}{l}6-2=4\\6-3=3\end{array}\right\}$	3
①	$\left.\begin{array}{l}3-3=0\\3-2=1\end{array}\right\}$	0

图上表示法如图 5.22 所示。

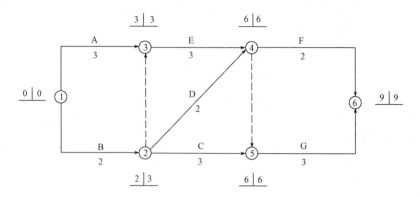

图 5.22 图上表示法 2

2. 工作的时间参数

(1) 工作的时间参数的符号 (图 5.23)。

ES_{i-j}——$i-j$ 工作的最早开始时间；

EF_{i-j}——$i-j$ 工作的最早完成时间；

LS_{i-j}——$i-j$ 工作的最迟开始时间；

LF_{i-j}——$i-j$ 工作的最迟完成时间；

TF_{i-j}——$i-j$ 工作的总时差；

FF_{i-j}——$i-j$ 工作的自由时差。

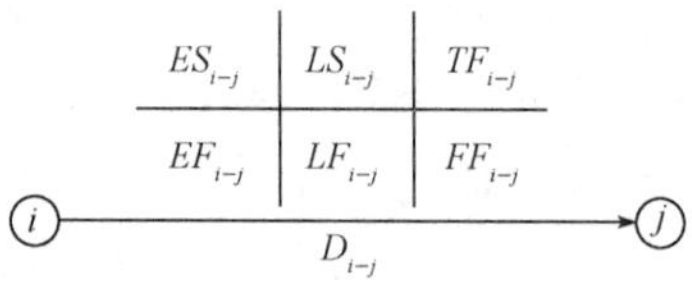

$$\begin{array}{c|c|c} ES_{i-j} & LS_{i-j} & TF_{i-j} \\ \hline EF_{i-j} & LF_{i-j} & FF_{i-j} \end{array}$$

$$(i) \xrightarrow{\quad D_{i-j} \quad} (j)$$

图 5.23 工作的时间参数

(2) 工作的时间参数的计算。

1) 工作的最早开始时间（ES_{i-j}）和最早完成时间（EF_{i-j}）。工作的最早开始时间是指在完成其紧前工作的前提下，本工作可能开始的最早时间；工作的最早完成时间是指在完成其紧前工作的前提下，本工作可以完成的最早时间。它们都应从网络计划的起点节点开始顺着箭线的方向依次逐项计算。其计算公式如下：

$$ES_{i-j}=0 \quad ——i \text{ 节点是起点节点} \tag{5-5}$$

$$ES_{i-j}=\max[ES_{h-i}+D_{h-i}] \quad ——i \text{ 节点不是起点节点} \tag{5-6}$$

$$EF_{i-j}=ES_{i-j}+D_{i-j} \tag{5-7}$$

【例 5-6】 如图 5.20 所示，试计算各工作的最早开始时间（ES_{i-j}）和最早完成时间（EF_{i-j}）。

解：按照式 (5-5)、式 (5-6) 和式 (5-7)，计算过程如下：

工作　计算过程　工作的最早开始时间　　　计算过程　工作的最早完成时间

$ES_{i-j}=\max\left[EF_{i-j}\right]$ $\qquad\qquad EF_{i-j}=ES_{i-j}+D_{i-j}$

A $\qquad\qquad\qquad\qquad$ 0 $\qquad\qquad\qquad\qquad$ 0+3=3 $\qquad\qquad$ 3

工作				
B		0	0＋2＝2	2
C	2	2	2＋3＝5	5
D	2	2	2＋2＝4	4
E	3&2	3	3＋3＝6	6
F	6&4	6	6＋2＝8	8
G	6&4&5	6	6＋3＝9	9

图上表示法如图 5.24 所示。

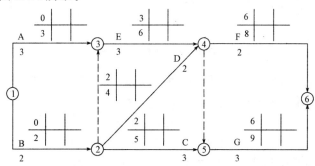

图 5.24　图上表示法 3

2）工作的最迟开始时间（LS_{i-j}）和工作的最迟完成时间（LF_{i-j}）。工作的最迟开始时间是指在不影响其紧后工作的前提下，本工作可以开始的最迟时间；工作的最迟完成时间是指在不影响其紧后工作的前提下，本工作可以完成的最迟时间。工作的最迟完成时间应从网络计划的终点节点开始，逆着箭线的方向依次逐项计算。其计算公式如下：

$$LF_{i-j}=T_p \quad\text{——} j \text{ 节点是终点节点} \tag{5-8}$$

$$LF_{i-j}=\min[\,LF_{j-k}-D_{j-k}\,] \quad\text{——} j \text{ 节点不是终点节点} \tag{5-9}$$

$$LS_{i-j}=LF_{i-j}-D_{i-j} \tag{5-10}$$

式中，T_p 是指网络计划的计划工期，其确定应按下列情况：当已规定了要求工期 T_r 时，$T_p \leqslant T_r$；当未规定要求工期 T_r 时，$T_p \leqslant T_c$。T_c 是指网络计划的计算工期，

$$T_c=\max[EF_{i-n}] \quad\text{——} n \text{ 节点为终点节点} \tag{5-11}$$

【例 5-7】　如图 5.20 所示，试计算各工作的最迟开始时间（LS_{i-j}）和最迟完成时间（LF_{i-j}）。

解：根据式（5-8）可得 $T_p=T_c=9$，按照式（5-9）、式（5-10）、式（5-11），计算过程如下：

工作	计算过程 $LF_{i-j}=\min[LS_{j-h}]$	工作的最迟完成时间	计算过程 $LS_{i-j}=LF_{i-j}-D_{i-j}$	工作的最迟开始时间
F	9	9	9－2＝7	7
G	9	9	9－3＝6	6
E	6&7	6	6－3＝3	3
D	6&7	6	6－2＝4	4
C	6	6	6－3＝3	3
B	3&4&3	3	3－2＝1	1
A	3	3	3－3＝0	0

图上表示法如图 5.25 所示。

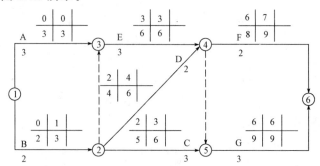

图 5.25　图上表示法 4

3）工作的总时差（TF_{i-j}）。工作的总时差是指在不影响总工期的前提下，本工作可以利用的机动时间。其计算公式如下：

$$TF_{i-j} = LS_{i-j} - ES_{i-j} \tag{5-12}$$

$$TF_{i-j} = LF_{i-j} - EF_{i-j} \tag{5-13}$$

【例 5-8】　如图 5.20 所示，试计算各工作的总时差（TF_{i-j}）。

解：按照式（5-12）和式（5-13），计算过程如下：

工作	计算过程 $TF_{i-j} = LS_{i-j} - ES_{i-j}$	工作的总时差
A	0－0＝0	0
B	1－0＝1	1
C	3－2＝1	1
D	4－2＝2	2
E	3－3＝0	0
F	7－6＝1	1
G	6－6＝0	0

图上表示法如图 5.26 所示。

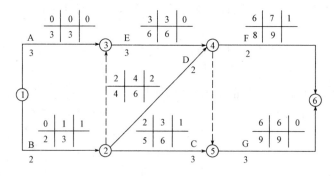

图 5.26　图上表示法 5

4）工作的自由时差（FF_{i-j}）。工作的自由时差是指在不影响其紧后工作最早开始的前提下，本工作可以利用的机动时间。其计算公式如下：

$$FF_{i-j} = T_p - EF_{i-j} \qquad \text{——} j \text{ 节点是终点节点} \tag{5-14}$$

$$FF_{i-j} = \min[ES_{j-k} - EF_{i-j}] \quad \text{——} j \text{ 节点不是终点节点} \tag{5-15}$$

【例 5-9】 如图 5.20 所示，当未规定要求工期时，试计算各工作的自由时差（FF_{i-j}）。

解： 按照式（5-14）和式（5-15），计算过程如下：

工作	计算过程	工作的自由时差
	$FF_{i-j} = \min[ES_{j-k} - EF_{i-j}]$	
G	$9-9=0$	0
F	$9-8=1$	1
E	$6-6=0$	0
D	$6-4=2$	2
C	$6-5=1$	1
B	$\left.\begin{array}{l}3-2=1\\2-2=0\end{array}\right\}$	0
A	$3-3=0$	0

图上表示法如图 5.27 所示。

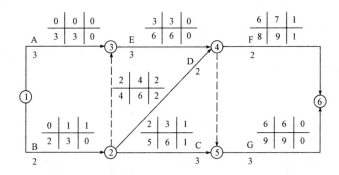

图 5.27　图上表示法 6

3. 关键工作和关键线路的确定

在网络计划中总时差最小的工作称为关键工作，自始至终都是由关键工作连成的线路就是关键线路。当计划工期等于计算工期时，关键线路上的工作总时差和自由时差都为 0。

如图 5.20 所示的双代号网络图的关键线路为①—③—④—⑤—⑥。

四、双代号网络计划实例分析

【例 5-10】 根据表 5.4 绘制出双代号网络图，并计算其各节点的两个时间参数和各工作的六个时间参数。

表 5.4　各工作的逻辑关系

工作	A	B	C	D	E	F	G	H
紧前工作	—	A	B	B	B	CD	CE	FG
紧后工作	B	CDE	FG	F	G	H	H	—
持续时间	10	10	8	12	12	10	12	9

解: (1) 根据表 5.4 的逻辑关系, 绘制出双代号网络图, 如图 5.28 所示。

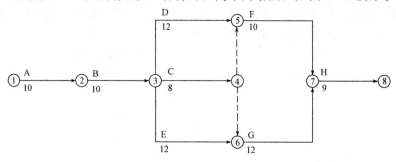

图 5.28　双代号网络图 (九)

(2) 根据以上所绘制的双代号网络图, 计算节点的两个时间参数, 过程如下:

按照式 (5-1), 可得到 $ET_1 = 0$;

按照式 (5-2) $ET_j = \max[ET_i + D_{i-j}]$, 可得到

$ET_2 = 10$, $ET_3 = 20$, $ET_4 = 28$, $ET_5 = 32$, $ET_6 = 32$, $ET_7 = 44$, $ET_8 = 53$。

按照式 (5-3), 可得到 $LT_8 = 53$;

按照式 (5-4) $LT_i = \min[LT_j - D_{i-j}]$, 可得到

$LT_7 = 44$, $LT_6 = 32$, $LT_5 = 34$, $LT_4 = 32$, $LT_3 = 20$, $LT_2 = 10$, $LT_1 = 0$。

图上表示法如图 5.29 所示。

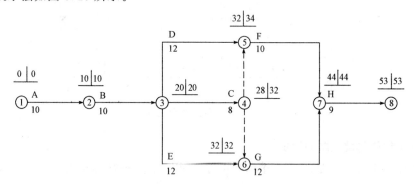

图 5.29　图上表示法 7

(3) 根据以上所绘制的双代号网络图, 计算工作的六个时间参数, 过程如下:

按照式 (5-5) 和式 (5-7), 可得到 $ES_{1-2} = 0$, $EF_{1-2} = 10$。

按照式 (5-6) 和式 (5-7), 可得到

$ES_{2-3} = 10$, $EF_{2-3} = 20$; $ES_{3-4} = 20$, $EF_{3-4} = 28$;

$ES_{3-5} = 20$, $EF_{3-5} = 32$; $ES_{3-6} = 20$, $EF_{3-6} = 32$;

$ES_{5-7} = 32$, $EF_{5-7} = 42$; $ES_{6-7} = 32$, $EF_{6-7} = 44$;

$ES_{7-8} = 44$, $EF_{7-8} = 53$。

按照式 (5-8) 和式 (5-10), 可得到 $LF_{7-8} = T_c = 53$, $LS_{7-8} = 44$;

按照式 (5-9) 和式 (5-10), 可得到

$LF_{6-7} = 44$, $LS_{6-7} = 32$; $LF_{5-7} = 44$, $LS_{5-7} = 34$;

$LF_{3-6} = 32$, $LS_{3-6} = 20$; $LF_{3-5} = 34$, $LS_{3-5} = 22$;

$LF_{3-4}=32$，$LS_{3-4}=24$；$LF_{2-3}=20$，$LS_{2-3}=10$；

$LF_{1-2}=10$，$LS_{1-2}=0$；

按照式（5-12），可得到

$TF_{1-2}=0$，$TF_{2-3}=0$，$TF_{3-4}=4$，$TF_{3-5}=2$，$TF_{3-6}=0$，$TF_{5-7}=2$，$TF_{6-7}=0$，$TF_{7-8}=0$。

按照式（5-14），可得到 $FF_{7-8}=53-53=0$；

按照式（5-15），可得到

$FF_{6-7}=0$，$FF_{5-7}=2$，$FF_{3-6}=0$，$FF_{3-5}=0$，$FF_{3-4}=4$，$FF_{2-3}=0$，$FF_{1-2}=0$。

图上表示法如图 5.30 所示。

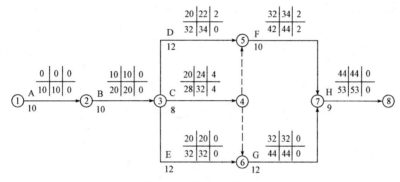

图 5.30　图上表示法 8

可知总工期 $T_c=53$，关键线路是①—②—③—⑥—⑦—⑧。

任务实训

1. 简述双代号网络图的组成要素。

_____

_____

_____

_____

2. 根据以下各工作之间的逻辑关系分别绘制出其双代号网络图。

（1）A、B 完成后作 C、D；D 完成后作 E；C、E 完成后作 F。

（2）A、B 完成后作 H；B、C 完成后作 F；H、F 完成后作 G。

3. 计算双代号网络图中六个时间参数，并标出关键线路。

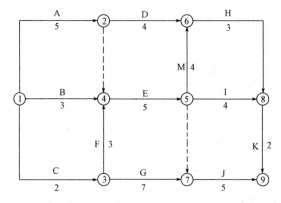

4. 绘制双代号网络图并计算六个时间参数。

工作	A	B	C	D	E	F	G
紧前工作	D、C	E、G	—	—	—	A、B	—
持续时间	3	2	3	4	3	4	5

5. 学习心得及总结：

任务三　单代号网络计划

一、单代号网络图的组成要素

单代号网络图是网络计划中除双代号网络图外的另一种表示方法，并且同样由箭线、节点和线路三个基本要素组成，如图 5.2 所示。但其各自所表示的含义却有所变化，具体表示如下。

1. 节点

单代号网络图的节点表示工作，一般用圆圈或方框表示。工作的名称、持续时间及工作的代号标注于节点内，如图 5.31 所示。

2. 箭线

单代号网络图中的箭线仅仅表示相邻工作间的逻辑关系。箭线的形状和方向可以根据绘图需要而定。

3. 线路

与双代号网络图中线路的含义相同，单代号网络图的线路是指从起点节点至终点节点，沿箭线方向顺序经过一系列箭线与节点所形成的若干条通路。其中，持续时间最长的线路为关键线路，其余的线路称为非关键线路。

图 5.31　单代号网络图中节点的表示方法

二、单代号网络图的绘制

1. 逻辑关系的表示方法

单代号网络图的绘制也必须正确表达已确定的各个工作之间客观和主观上的逻辑关系，其表示方法见表 5.5。

表 5.5　各工作之间逻辑关系的表示方法

序号	工作之间的逻辑关系	网络图中的表示方法
1	A 工作完成后进行 B 工作	Ⓐ → Ⓑ
2	A、B、C 三项工作同时开始	S_t → Ⓐ / Ⓑ / Ⓒ
3	A、B、C 三项工作同时结束	Ⓐ / Ⓑ / Ⓒ → F_i
4	A 工作完成后进行 B 和 C 工作	Ⓐ → Ⓑ / Ⓒ

序号	工作之间的逻辑关系	网络图中的表示方法
5	A、B工作结束后，C工作才能开始	
6	A、B工作结束后，C、D工作才能开始	

2. 绘制单代号网络图的基本规则

单代号网络图与双代号网络图所表达的计划内容是一致的，两者的区别仅仅在于符号所表示的含义不同。因此，单代号网络计划的绘制规则与双代号网络图的绘制规则是基本相同的。此外，根据单代号网络图的特点，在网络图的开始和结束两端分别设置虚拟的起点节点"S_t"和虚拟的终点节点"F_{in}"。这是单代号网络图所特有的，如图 5.32 所示。

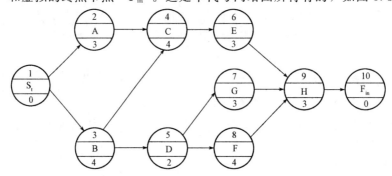

图 5.32　单代号网络计划 1

【例 5-11】　根据表 5.6 的各施工过程之间的逻辑关系，绘制单代号网络计划图。

表 5.6　各施工过程之间的逻辑关系

工作	A	B	C	D	E
紧前工作	—	A	A	BC	CD

解：根据工作间的逻辑关系，绘图如图 5.33 所示。

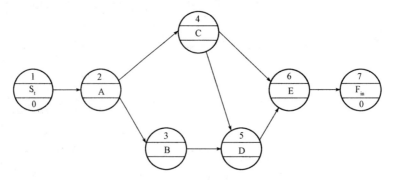

图 5.33　单代号网络计划 2

三、单代号网络计划时间参数的计算

单代号网络计划的时间参数有七个，除包括与双代号网络计划中相同的六个工作时间参数外，还有一个时间参数是相邻两个工作之间的时间间隔 LAG_{i-j}。单代号网络图时间参数的计算方法可采用分析计算法、图上计算法、表上计算法等。

1. 工作时间参数的符号

ES_i——i 工作的最早开始时间；

EF_i——i 工作的最早完成时间；

LS_i——i 工作的最迟开始时间；

LF_i——i 工作的最迟完成时间；

LAG_{i-j}——$i-j$ 这两个相邻的工作之间的时间间隔；

TF_i——i 工作的总时差；

FF_i——$i-j$ 工作的自由时差。

图上表示法如图 5.34 所示。

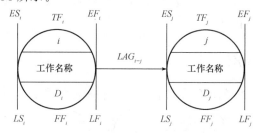

图 5.34　单代号网络图时间参数的图上表示

单代号网络计划的分析计算法与双代号网络计划的分析计算法是一致。

2. 工作时间参数的计算

（1）计算工作的最早开始时间（ES_i）和最早完成时间（EF_i）。单代号网络计划图有一个虚拟的起点节点，且持续时间为 0，那么此节点的最早开始时间和最早完成时间都为 0。其他节点（工作）的最早开始时间等于它的各紧前工作的最早完成时间的最大值。其计算公式如下：

$$ES_1 = 0 \quad \text{——虚拟的起点节点} \tag{5-16}$$

$$EF_i = ES_i + D_i \tag{5-17}$$

$$ES_j = \max[\ ES_i + D_i\ ] = \max[EF_i] \quad \text{——}i < j \tag{5-18}$$

（2）计算工作的最迟完成时间（LF_i）和最迟开始时间（LS_i）。单代号网络计划中工作的最迟完成时间等于其紧后工作最迟开始时间的最小值。其计算公式如下：

$$LF_n = ES_n = T_c \quad \text{——要求工期等于计算工期 } T_c \tag{5-19}$$

$$LF_i = \min[LS_j] \quad \text{——}i < j \tag{5-20}$$

$$LS_j = LF_i - D_i \tag{5-21}$$

3. 计算相邻两项工作之间的时间间隔（LAG_{i-j}）

相邻两项工作 i 和 j 之间的时间间隔等于紧后工作最早开始时间减去本工作的最早结束时间。其计算公式如下：

$$LAG_{i-j} = ES_j - EF_i \quad ---i < j \tag{5-22}$$

4. 计算工作总时差（TF_i）

工作的总时差等于工作的最迟开始时间减去工作的最早开始时间，或者等于工作的最迟完成时间减去工作的最早完成时间。其计算公式如下：

$$TF_i = LS_i - ES_i \tag{5-23}$$

$$TF_i = LF_i - EF_i \tag{5-24}$$

5. 计算工作自由时差（FF_i）

与双代号网络图相同，工作的自由时差等于其紧后工作最早开始时间减去本工作最早完成时间，若紧后工作有两项以上，取最小值。其计算公式如下：

$$FF_i = T_p - EF_i \quad ---i \text{ 节点是终点节点} \tag{5-25}$$

$$\left.\begin{array}{l} FF_i = \min[ES_j - EF_i] \\ FF_i = \min[LAG_{i-j}] \end{array}\right\} \quad ---i < j \tag{5-26}$$

6. 关键线路的确定

单代号网络计划与双代号网络计划工作时间参数的计算是一致的，所以，其关键线路的确定也与双代号网络计划一致。

四、单代号网络计划实例分析

【例 5-12】 根据图 5.35 的已知条件，计算其各种时间参数，并找出关键线路。

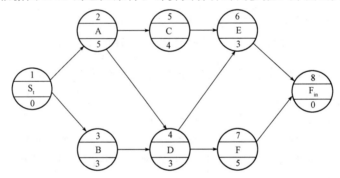

图 5.35　某工程单代号网络图

解： 按照式（5-16）和式（5-17），可得到 $ES_1 = 0$，$EF_1 = 0$；

按照式（5-17）和式（5-18），可得到

$ES_2 = 0$，$EF_2 = 5$；$ES_3 = 0$，$EF_3 = 3$；

$ES_4 = 5$，$EF_4 = 8$；$ES_5 = 5$，$EF_5 = 9$；

$ES_6 = 9$，$EF_6 = 12$；$ES_7 = 8$，$EF_7 = 13$；

$ES_8 = 13$，$EF_8 = 13$。

按照式（5-19）和式（5-21），可得到 $LF_8 = ES_8 = 13$，$LS_8 = 13$；

按照式（5-20）和式（5-21），可得到

$LF_7 = 13$，$LS_7 = 8$；$LF_6 = 13$，$LS_6 = 10$；

$LF_5 = 10$，$LS_5 = 6$；$LF_4 = 8$，$LS_4 = 5$；

$LF_3=5$，$LS_3=2$；$LF_2=5$，$LS_2=0$；

$LF_1=0$，$LS_1=0$。

按照式（5-22），可得到

$LAG_{1-2}=0$，$LAG_{1-3}=0$，$LAG_{2-4}=0$，$LAG_{2-5}=0$，$LAG_{3-4}=2$；

$LAG_{5-6}=1$，$LAG_{5-7}=0$，$LAG_{5-6}=0$，$LAG_{6-8}=1$，$LAG_{7-8}=0$。

按照式（5-23），可得到

$TF_1=0$，$TF_2=0$，$TF_3=2$，$TF_4=0$；

$TF_5=1$，$TF_6=1$，$TF_7=0$，$TF_8=0$。

按照式（5-25）和式（5-26），可得到

$FF_8=0$，$FF_7=0$，$FF_6=1$，$FF_5=0$；

$FF_4=0$，$FF_3=2$，$FF_2=0$，$FF_1=0$。

图上表示法如图 5.36 所示。

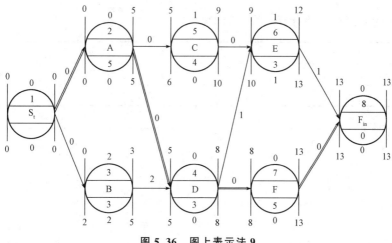

图 5.36　图上表示法 9

关键线路是①—②—④—⑦—⑧，总工期为 $T_c=13$。

五、单代号和双代号网络图的比较

（1）单代号网络图的绘制比双代号网络图更加方便，也没有虚箭线和虚工作。

（2）单代号网络图具有便于说明，且容易被非专业人员所理解和易于修改的优点。这对于推广应用统筹法编制工程进度计划，进行全面科学管理是有益的。

（3）双代号网络图表示工程进度比用单代号网络图更为形象，特别是在应用带时间坐标的网络图中。

（4）双代号网络图采用电子计算机进行计算和优化其过程更为便捷，这是因为双代号网络图中用两个代号代表一项工作，可直接反映其紧前或紧后工作的关系；而单代号网络图就必须按工作逐个列出其紧前或紧后工作关系，这在计算机中需占用更多的存储单元。

由于单代号和双代号网络图有上述各自的优缺点，且两种表示法在不同的情况下，其表现的繁简程度是不同的。因此，单代号和双代号网络图是两种相互补充、各具特色的表现方法。

1. 简述绘制单代号网络图的基本规则。

_____

_____

_____

_____

_____

2. 绘制单代号网络图并计算六个时间参数。

工作	A	B	C	D		
紧前工作	—	—	A	A、B		
持续时间	3	5	6	2		

3. 学习心得及总结：

_____

_____

_____

_____

_____

任务四　双代号时标网络计划

一、双代号时标网络计划概述

1. 概念

时间坐标的网络计划简称时标网络计划，是吸取横道图的时间坐标和双代号网络计划两者的优点，综合应用的一种网络计划方法。在时标网络计划中，箭杆的长短和所在的位置即表示工作的时间进程，因此，它能够表达工程各项工作之间恰当的时间关系。

2. 特点

（1）箭杆的长短与时间有关，能直接在图上显示出各项工作的开始与完成时间、工作的自由时差及关键线路。

（2）具有网络计划与横道计划的优点，无须计算即能清楚地表明计划的时间进程，使用方便。

（3）不会产生闭合回路。

（4）在时标网络计划中，可以统计每个单位时间对资源的需要量，以便进行资源优化和调整。

（5）由于箭线受时间坐标的限制，当情况发生变化时，对网络计划的修改比较麻烦，往往要重新绘制，但在使用计算机后，这一问题已较容易的解决。

（6）有时会出现虚箭线占用时间的情况，其主要原因是工作面停歇或班组工作不连续。

二、双代号时标网络计划的绘制

双代号时标网络计划主要有早时标网络和迟时标网络之分，通常有间接绘制法和直接绘制法两种。这里主要介绍早时标网络计划的间接绘制法。

早时标网络计划是指按节点的最早时间绘制的网络计划；间接绘制法就是指先计算出网络计划的时间参数，再根据时间参数在时间坐标上进行绘制的方法。具体绘制的步骤和方法如下：

（1）根据各工作之间的逻辑关系绘制双代号网络计划图，计算网络图的节点时间参数，确定工期。

（2）根据需要确定时间单位，并按照已确定的工期绘制出相应的时间坐标，必须以水平时间坐标为尺度表示工作时间，在编制计划之前确定，可为时、天、周、月、季等。通常，时间坐标标注在双代号网络计划的上方，并注明长度单位，如图 5.37 所示。

（3）根据以上所计算的网络图节点的最早时间，从起点节点开始将各节点逐个定位在相应的时间坐标的纵轴上。

（4）依次在相应工作的节点之间绘制出箭线长度和时差。特别应注意以下几点：

1）实箭杆水平投影长度必须与相应工作的持续时间相一致；

2）若引出箭杆长度无法直接与该工作的结束节点相连，则用水平波形线从箭线端部画至结束节点处。而波形线的水平投影长度，即该工作的自由时差。

3）虚箭杆连接各有关节点，将有关的施工过程连接起来。在时标网格计划中虚工作必须以垂直方向的虚箭线表示，有时候会出现虚箭杆的水平投影长度不为0，此时为波形线，而波形线的水平投影长度就为该虚工作的自由时差。

4）在已绘制的时标网络图中找出自始至终都没有出现波形线的线路，用双箭线或粗线表示，这条线路就是时标网络计划的关键线路，如图5.37所示。

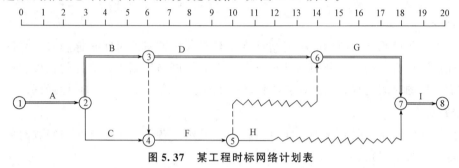

图 5.37　某工程时标网络计划表

三、双代号时标网络计划绘制示例

【例 5-13】　如图 5.38 所示的某工程双代号网络计划（时间单位为天），请将此图改绘制成时标网络图。

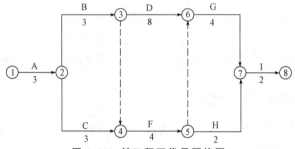

图 5.38　某工程双代号网络图

解：按照时标网络计划的绘制步骤，计算如下：

（1）计算网络图的节点时间参数，表示如图 5.39 所示。

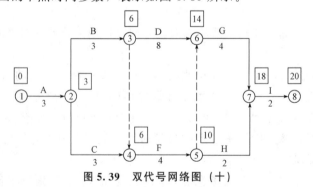

图 5.39　双代号网络图（十）

可以确定工期 $T_c = 20$ 天。

（2）根据以上的计算结果，绘制时间坐标，并确定各节点在时间坐标中的位置（图5.40）。

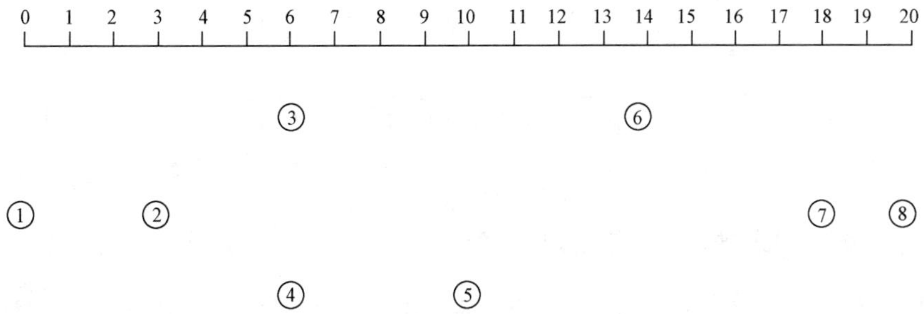

```
0  1  2  3  4  5  6  7  8  9  10  11  12  13  14  15  16  17  18  19  20
```

③   ⑥

①   ②   ⑦   ⑧

④   ⑤

图 5.40　时间坐标

（3）依次在相应工作的节点之间绘制出箭线长度和时差，即时标网络计划表（图 5.37）。此双代号网络图的关键线路为①－②－③－⑥－⑦－⑧，计算工期为 20 天。

任务 实训

1. 简述双代号时标网络计划的特点。

_____

_____

_____

2. 采用间接法绘制双代号时标网络计划。

工作	A	B	C	D	E	F	G	H
紧前工作	—	—	—	—	A、B	B、C	E、F	D、G
持续时间	2	3	1	2	3	4	6	5

3. 学习心得及总结：

_____

_____

_____

_____

任务五 进度控制与优化

一、施工项目网络进度计划控制的概念

施工项目网络进度计划控制是指在规定的工期内，编制出最优的施工进度计划。在执行该计划的全过程中，经常检查施工实际情况，并将其与计划进度相比较分析，若出现偏差，就进行相应的调整，不断地如此循环，直至工程竣工验收。总之，网络计划的控制是不断地对整个网络计划进行检查记录、分析和调整，贯穿于网络计划执行的全过程。

二、施工项目网络进度计划的跟踪检查

现场施工进度网络计划的跟踪检查通常是在网络计划图上标识记录实际进度，再与计划进度进行对比，通过分析，判断实际进度状况对未来的影响，从而为网络进度计划的调整提供信息和依据。网络计划检查的方法有实际进度前锋线法和"S"形曲线法等。这里只介绍前锋线法检查网络计划进度的方法。

1. 前锋线检查法的概念

前锋线检查法是通过绘制某检查时刻工程项目的实际进度前锋线，进行工程实际进度与计划进度比较的方法，它主要适用于时标网络计划。所谓前锋线，是指在原时标网络计划上，从检查时刻的时标点出发，用点画线依次将相邻的各项工作实际进度位置点连接而成的一条折线。前锋线检查法就是通过实际进度前锋线与原进度计划中各工作箭线交点的位置来判断工作实际进度与计划进度的偏差，进而判定该偏差对后续工作及总工期影响程度的一种方法。

2. 前锋线检查法的步骤

（1）前锋线的绘制。工程项目实际进度前锋线是在时标网络计划图上标示，为清楚起见，可在时标网络计划图的上方和下方各设一时间坐标。一般从时标网络计划图上方时间坐标的检查日期开始绘制，依次连接相邻工作的实际进展位置点，最后与时标网络计划图下方坐标的检查日期相连接，如图5.41所示。

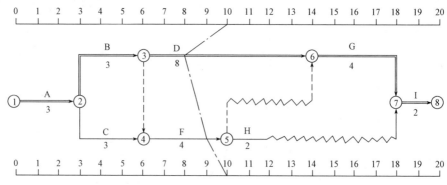

图 5.41 用前锋线检查法记录网络图

（2）实际进度与计划进度的比较。

1）前锋线可以直观地反映出检查日期有关工作实际进度与计划进度之间的关系。对某项工作来说，其实际进度与计划进度之间的关系可能存在以下三种情况：

①工作实际进度位置点落在检查日期的左侧，则该工作实际进度拖后，拖后的时间为两者之差；

②工作实际进度位置点与检查日期重合，则该工作实际进度与计划进度一致；

③工作实际进度位置点落在检查日期的右侧，则该工作实际进度超前，超前的时间为两者之差。

2）通过实际进度与计划进度的比较确定进度偏差后，就可以根据工作的自由时差和总时差预测该进度偏差对后续工作及项目总工期的影响。网络计划的检查主要包括以下内容：

①关键工作的进度；

②检查非关键工作的进度及尚可利用的时差；

③检查实际进度对各项工作之间逻辑关系的影响。

【例 5-14】 已知某分部工程时标网络计划如图 5.41 所示，在第 10 天下班时检查，发现工作 D 进行了 2 天，工作 F 进行了 3 天。请用前锋线法进行实际进度与计划进度比较。

解： 首先按照第 10 天的检查情况绘制实际进度前锋线，如图 5.41 所示；

通过实际进度与计划进度的比较，从图 5.41 所绘制的前锋线可以看出，D 工作拖延 2 天，F 工作拖延了 1 天。

根据分析可得：工作 D 为关键工作，它拖延 2 天就直接影响到其后续工作及工期都相应的拖延 2 天；工作 F 为非关键工作，没有自由时差，它拖延 1 天影响其后续工作拖延 1 天，但对工期没有影响。因此，在第 10 天下班后的检查发现会拖延总工期 2 天。

三、网络计划的优化

网络计划的优化就是在既定的约束条件下，按某一目标，通过不断地改进网络计划，以得到相对最佳的网络计划。网络计划的优化目标按计划任务的需要和条件而定，主要包括工期优化、费用优化和资源优化等。

1. 工期优化

工期优化是指在一定的约束条件下，按照合同工期目标，通过延长或缩短计算工期以达到合同工期的目标。目的是使网络计划满足工期，保证按期完成工程任务。计算工期不满足合同要求工期有以下两种情况：

（1）计算工期大于合同工期。当计算工期大于合同工期时，可以通过压缩关键工作的持续时间满足合同工期要求。相应的，也就必须增加被压缩持续时间的关键工作的资源需要量。关键线路压缩后非关键线路就有可能会转变为关键线路，此时必须把握原有关键线路不改变的原则。

1）选择压缩持续时间的关键工作必须考虑以下因素：

①有充足的备用资源；

②压缩持续时间对质量和安全影响较小；

③压缩持续时间所需增加的费用最少。

2）优化步骤如下：

①通过计算找出网络计划中的关键线路、关键工作，确定计算工期；

②计算工期与合同工期进行比较，计算出需要压缩的时间；

③确定各关键工作能压缩的持续时间；

④选择优先压缩的关键工作，压缩其持续时间，并重新计算网络计划的工期；

⑤当计算工期仍超过合同工期时，则重复以上①～④项的步骤，直到满足工期要求；

⑥当所有的关键工作的持续时间都已经达到其能够缩短的极限而工期仍不能满足合同工期要求时，应对计划的原技术、组织方案进行调整或对合同工期重新审定。

【例 5-15】 已知某网络计划的初始方案如图 5.42 所示。图中箭杆下方括号外的数据为工作的正常持续时间，括号内的数据为工作的最短持续时间，假定合同工期为 146 天。试对该原始网络计划进行工期优化（其中，假设工作 E 有充足的资源，且压缩时间对质量和安全影响较小；工作 G 缩短时间紧所需费用最省，且资源充足；工作 B 缩短时间的有利因素不如 E 和 G）。

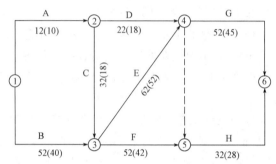

图 5.42　某网络计划初始方案

解：①根据工作正常时间计算各个节点的最早和最迟时间，找出关键线路，确定关键工作。计算结果如图 5.43 所示。图中①－③－④－⑥为关键线路，工作 B、E、G 为关键工作。

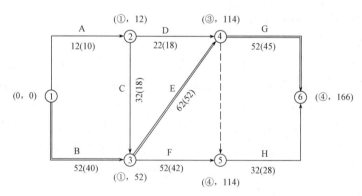

图 5.43　某网络计划图

②计算需要缩短的工期。根据图 5.43 计算工期为 166 天，而合同工期为 146 天，需要缩短时间 20 天。有根据题意，考虑压缩工作的相关因素，首先压缩工作 G，可以压缩 52－45＝7（天），工期变为 166－7＝159（天），如图 5.44 所示。

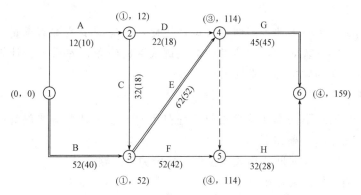

图 5.44　压缩工作 G 后的网络计划图

③由图 5.44 计算工期为 159 天，与合同工期相比还需要压缩 13 天，考虑选择压缩的相关因素，选择工作 E，因为有充足的资源，且缩短工期对质量无太大的影响。此时可以压缩 62−52=10（天），工期变为 159−10=149（天），如图 5.45 所示。

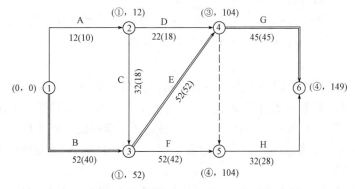

图 5.45　压缩工作 E 后的网络计划图

④由图 5.45 计算工期为 149 天，与合同工期相比还需要压缩 3 天，考虑选择压缩的相关因素，选择工作 B，因为关键线路上可压缩的工作只剩下工作 B。压缩 B 工作 3 天，由原来的 52 天变为 49 天，此时工期为 149−3=146（天），满足合同要求，如图 5.46 所示。

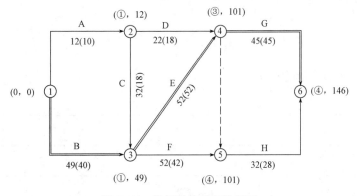

图 5.46　优化后的网络计划图

（2）计算工期小于合同工期。当计算工期小于合同工期不是很多或两者相等时，一般不需要再进行优化。

当计算工期小于合同工期太多时，宜进行优化，相应减少资源需求量。通常是适当的延长个别关键工作的持续时间，相应变化非关键线路的时差；然后重新计算各工作的时间参数，反复进行，直到满足合同工期为止。

2. 费用优化

费用优化是指通过不同工期及其相应工程费用的比较，寻求与工程费用最低相对应的最优工期。费用优化的步骤如下：

(1) 按工作正常持续时间找出关键工作，确定关键线路；

(2) 计算各项工作的费用率；

(3) 在网络计划中找出费用率（或组合费用率）最低的一项关键工作或一组关键工作，作为缩短持续时间的对象；

(4) 缩短找出的关键工作或一组关键工作的持续时间，其缩短值必须符合不能压缩成非关键工作和缩短后其持续时间不小于最短持续时间的原则；

(5) 计算相应增加的总费用；

(6) 考虑工期变化带来的间接费及其他损益，在此基础上计算总费用；

(7) 重复步骤（3）～（6），一直计算到总费用最低为止。

3. 资源优化

资源是指为完成任务所需的人力、材料、机械设备和资金等。资源优化就是在工期固定的条件下，如何使资源均衡或在资源限制的条件下如何使工期最短。资源优化一般有两种方法：一种是"资源有限－工期最短"；另一种是"工期固定－资源均衡"。

(1)"资源有限－工期最短"的优化过程是调整计划安排，以满足资源限制条件，并使工期拖延最少的过程。

(2)"工期固定－资源均衡"的优化过程是调整计划安排，在工期保持不变的条件下，使资源需用量尽可能均衡的过程。

网络计划的优化过程是一项非常复杂的过程，计算工作量十分巨大，用手工计算是很难实现的，随着计算机技术的快速发展，采用计算机专业软件，网络计划的优化工作已变成一项很容易的事情了。

任务 实训

1. 简述网络计划控制的概念。

_____

_____

_____

_____

_____

2. 某工程的施工合同工期为 16 周,项目监理机构批准的施工进度计划如下图所示,各工作均匀速施工。

工程施工到第 4 周末进行进度检查,发生以下事件:

事件 1:A 工作已经完成。

事件 2:B 工作施工时,遇到异常恶劣的气候,实际只完成估算工程量的 25%。

事件 3:C 工作为检验检测配合工作,只完成估算工程量的 20%。

事件 4:施工中发现地下文物,导致 D 工作尚未开始。

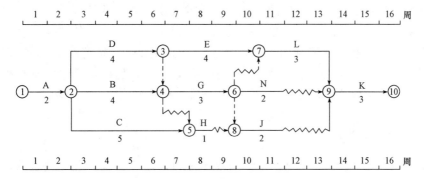

请根据以上事件绘制前锋线,并分析进度状态。

3. 学习心得及总结:

_____

_____

_____

_____

_____

_____

_____

_____

_____

_____

_____

_____

_____

_____

_____

任务六　BIM技术与进度计划编制

工程项目的进度计划编制与管理在项目管理的三大控制中，占有非常重要的地位。良好的施工进度计划可以使项目各参与方达到"协调一致"。因此，无论是从业主方还是从施工方，在工程项目管理中做好施工进度计划编制与管理工作是非常重要的。目前，大多数项目进度计划多是对设计方设计出的图纸用专门的进度计划软件编制，在这个过程中项目的相关信息随着项目的进展不断增多，但是由于项目各方不能很好的传递信息，以及相关的设计变更，致使进度计划编制的工作量加大。为了解决这一问题，在2002年Autodesk公司首先提出将所有建设工程信息放在一个平台上，这样，建设项目中的所有相关人员都可以从这个平台中获取信息，保证协同工作，增强工作效率，这个平台就是BIM。

一、BIM技术的特点

BIM的涉及面已十分广泛，被人们应用到建筑业的多个方面，包括建筑结构设计、文档管理、成本估算、施工管理、项目管理、可视化等。BIM一般具有以下几个方面的特点：

（1）BIM是对建筑构件数据化或智能数字化的表述；

（2）BIM是一种协作过程，它包含自动化的处理能力与维护信息的关联性和一致性；

（3）BIM可用于信息交换，可为建筑全生命周期提供可重复、可验证、可维持的明晰的信息环境；

（4）可以产生完整的非图形数据的报告，可以持续、即时地提供可靠、高质量的项目设计规模、进度和成本信息。

同时，BIM能够在综合数字环境中保持信息不断更新并可提供访问，使设计人员、施工人员及业主可以清楚全面地了解项目。这些信息在建筑设计、施工和管理的过程中能促使加快决策进度、提高决策质量，从而使项目质量提高，收益增加。

二、应用BIM编制施工进度计划

基于BIM的进度管理系统的流程进度计划的核心是现场施工作业计划，与其相关的劳动力计划、材料供应计划、机具设备计划等都是对现场施工作业计划的准备和支持。多种计划组成了以现场施工作业计划为核心的全面施工作业计划，是对各计划的分类管理。进度管理的侧重点就是对现场施工作业进度计划的管理。其可分为总进度计划、二级进度计划、周进度计划、日常工作计划。

1. 总进度计划编制

总进度计划的建立是整个流程的开始，编制小组利用从BIM数据库中获取的相关资料从实质上把握各单位的实施情况，编制一系列高层级的活动和工作项，确定开始和完成时间，完成对主要设备和空间等资源的高层次分配。

其具体实施过程是基于BIM设计模型。统计工程量按照施工合同工期要求，确定各单项工程、单位工程施工工期及开、竣工时间，运用Project、P6、梦龙等进度管理软件进行绘制确定总进度网络计划。将之与 BIM 模型联结，形成 BIM4D 进度模型，如图 5.47 所示。

图 5.47 总进度计划编制流程

2. 二级进度计划编制

在总进度计划的基础上进行二级进度计划的制订。其编制过程可以按照以下顺序：

（1）将高层次的活动分解为较小的、更容易控制的工作包；

（2）以活动间联系的形式定义逻辑和工序，计算工程量，计算劳动量和机械台班数，确定持续时间；

（3）利用编制项目进度计划的相关软件产生施工进度计划，分配设备和物料。

在 BIM4D 总进度模型的基础上，利用 WBS 工作结构分析，进行工作空间定义，联结施工图预算，关联清单模型，确定 BIM4D/5D 进度-成本模型，得出每单位工程中主要分部分项工程每一项任务的人工、材料、机械、资金等资源消耗量。此过程可以利用广联达 5D 施工管理软件进行，也可以利用 Revit、Navisworks 等软件联结完成，如图 5.48 所示。

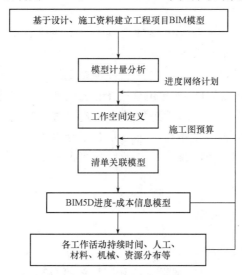

图 5.48 二级进度计划编制流程

3. 周进度计划

周进度计划是以末位计划员系统概念为指导，在二级进度计划的基础上编制。它可以分为两步：第一步，每个施工队伍需要根据计划开始时间和优先级从二级进度计划中选择他们在下一周里可以执行的工作包，做成一个候选工作包集，为周进度计划制订会议做准备；第二步，项目经理和施工班组长可以根据"建筑组件"这一属性将工作包分解为候选任务，并将它们按照工作类型的不同进行分组。项目经理可以通过将符号拖动到特定一天的特定施工队伍的方式来分配任务。除施工班组长创建和分配的任务外，还有两种特别的任务：由该施工班组长安排给另一施工队的工作和其他施工班组长分配给该施工队的工作。

这些工作将通过一个协商过程分配给施工人员并安排进他们的周进度计划中。

4. 日常工作计划制订

日常工作的制订是在周进度计划的基础上完成的，与每周内工作的执行同时发生。施工班组长可以通过它获知工作计划，并且在需要的时候有权与其他工人们一起协调工作计划。这里需要一个专业的模型界面来显示每位施工班组长的任务，可以通过大型的触摸屏来传递信息。这个界面不仅可以根据需要传递过程和产品信息，还可以实时收集过程信息。施工班组长利用它来报告任务的开工、暂停及过程、完成和更新状态。一些对任务的执行产生不利影响的问题，如设计错误等就可以通过它进行上报。系统服务器根据预先设定的工作流自动提醒相关负责人来解决问题。如果某一施工班组长需要改变一项任务的执行顺序，他就可以通过触摸屏发起对话，与项目计划者和其他相关施工班组长进行协商，以此来维持整个工作计划的稳定性。

三、基于 BIM 的进度计划编制过程的特点

（1）从项目前期设计开始，项目各参与方、各专业工程师即介入 BIM 平台构建，能够使各个方面互通有无，深入了解项目建设目标，为施工阶段的通力合作打下基础，方便各单位提前做好准备，可以从费用、人力、设备和建材多个层面确保项目按预定计划顺利进展。

（2）建筑信息模型为不同专业的工程师提供了一个快捷方便的协同工作平台，负责现场施工的工程师可以利用该平台及时发现现场施工存在的交叉冲突问题，反映给其他专业工程师调整其原有施工安排，这就大大减少了现场施工时出现问题相互推诿的情况。凝聚各参与方、各专业工程师围绕 BIM 平台组成一个信息对等的项目进度团队。

（3）通过虚拟设计施工技术与增强现实技术实现了进度计划的可视化表达。项目 BIM 团队能以视频投影的形式向各参见单位或公众从各个角度展示项目预期目标，是不同文化程度的项目建设参与人员更形象准确的理解共同的进度目标和具体计划，从而更高效地指导协调具体施工。

四、BIM 进度控制分析方法

1. 基于 BIM 技术的进度自动生成系统

通过运用 BIM 中空间、几何、逻辑关系和工程量等数据建立一个自动生成工程项目进度计划的系统。通过系统自动创建任务时长，并利用有效生产率计算活动持续时间，最后结合任务间逻辑关系输出进度计划，可以大大提高进度计划制订的效率和速度。

2. 进度施工模拟

基于 BIM 技术的可视化与集成化特点，在已经生成进度计划的前提下利用 BIM5D 等软件可进行精细化施工模拟。从基础到上部结构，对所有的工序都可以提前进行预演，可以提前找出施工方案和组织设计中的问题，进行修改优化，实现高效率、优效益的目的。

3. 实现进度计划动态管理和修改纠偏

基于 BIM 技术的进度控制系统，实现进度计划的动态管理与联动修改。进度计划编制中每项任务都有唯一的项目编码，这样就可以与 3D 实体模型以特定规则链接，当出现工程

变更时可以将变更信息联动传递到进度管理系统；当需要修改进度信息时，3D 模型信息与资源需求量也会相应改变。

任务实训

1. 简述 BIM 技术的特点。

_____

_____

_____

_____

_____

_____

2. 简述 BIM 进度控制分析方法。

_____

_____

_____

_____

_____

_____

3. 学习心得及总结：

_____

_____

_____

_____

_____

_____

本项目着重讲述了网络计划的基本概念、双代号网络计划、单代号网络计划、双代号时标网络计划、进度控制与优化和 BIM 技术与进度计划的编制。

1. 双代号网络图是由表示工作的若干箭线和节点组成的一种网状图形，能够准确地表达工作间的逻辑关系。

2. 双代号网络图由箭线、节点和线路构成，绘制时要注意工作间的逻辑关系，应正确合理使用虚工作。为了对网络计划进行有效的优化和控制，在掌握了网络图绘制以后，就要对网络计划中的时间参数进行计算，着重介绍了工作时间参数的计算。

3. 单代号网络图中节点表示工作，箭线表达工作间的逻辑关系，应能正确绘制出单代号网络图并进行时间参数计算。

4. 双代号时标网络图结合了横道图和双代号网络图的优点，既能正确表达逻辑关系又能清楚展示时间参数，应掌握间接法绘制双代号时标网络图。

5. 在实际施工中，应对工程进度进行跟踪检查，检查方法很多，有"S"形曲线法、前锋线检查法等，当实际进度与计划进度不符时，就需要对网络计划进行优化，应根据实际情况进行工期优化或费用优化。

6. 基于 BIM 的进度管理系统的流程进度计划的核心是现场施工作业计划，与其相关的劳动力计划、材料供应计划、机具设备计划等都是对现场施工作业计划的准备和支持。

测试

班级：_____   姓名：_____   成绩：_____

1. 根据以下各工作之间的逻辑关系分别绘制出其双代号网络图。（5分）

（1）A、B、C 完成后作 D；B、C 完成后作 E；D、E 完成后作 F。

（2）A、B、C 完成后作 D；A 完成后作 F；B 完成后作 E。

（3）A 完成后作 B、C、D；B、C 完成后作 F；B、C、D 完成后作 E。

2. 根据下列逻辑关系绘制双代号网络图。（5 分）

施工过程	A	B	C	D	E	F	G	H	I	J
紧前工作	—	—	A	A	B	D、E	B	F	F	C、H
紧后工作	C、D	E、G	J	F	F	H、I	—	J	—	—

3. 某网络计划的有关资料见下表，试绘制双代号网络图，并计算各项工作的时间参数，确定关键线路。（10分）

施工过程	A	B	C	D	E	F	G	H	I	J
紧前工作	—	A	A	B	B	D	F	EF	CEF	C、H
持续时间	2	3	5	2	3	3	2	3	6	2

4. 已知各工作之间的逻辑关系，见下表，请绘制单代号网络图，并计算时间参数，确定关键线路。（10分）

工作	A	B	C	D	E
紧前工作	—	A	A	B、C	C、D
持续时间	6	7	12	9	11

5. 根据下图所示双代号网络计划绘制早时标双代号时标网络计划，并确定关键线路。（时间单位：月）（10分）

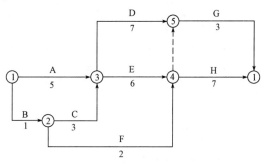

6. 根据第5题的双代号时标网络计划，为了确保此工程按期完成，应重点控制哪些工作？如在第四个月底进行检查发现：A工作拖后了2个月，C工作拖后了1个月，F工作已做完。如果后续工作按计划进行，请根据上述检查结果绘制前锋线，并分析其对工程总工期的影响。（10分）

_____

_____

_____

_____

7. 某工厂产房施工网络计划如下图所示，图中箭线下方括号外数字为正常的持续时间，括号内数字为最短持续时间，箭线之上是每压缩工作1天需要的费用。该计划执行到第25天末时检查发现，工作A刚好已经完成，工作B进行了10天，工作C进行了20天。（20分）

问题：

（1）根据第25天的检查情况分析总工期的变化情况。

_____

_____

_____

_____

（2）该工程的工期不允许拖延，请提出增加费用最小的施工网络计划调整方案。

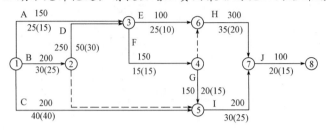

---

8. 双代号网络图的构成三要素是什么？各要素的含义是什么？（10分）

---

9. 什么是虚箭线？它在双代号网络图中的含义是什么？（10分）

---

10. 什么是总进度计划？如何利用 BIM 技术编制总进度计划？（10分）

 总结

项目六

资源配置计划

全面考虑，科学规划

　　某工程项目是一架大型桥梁建设，涉及大量的人、财、物等资源。在项目开始之前，项目经理制订了详细的资源计划，以确保项目的顺利实施。

　　在资源计划中，项目经理注意到一项关键任务，即需要使用大量特种钢材料。为了确保材料供应的稳定性和可靠性，项目经理采取了以下措施：

　　（1）积极联系供应商。项目经理与多家特种钢供应商取得联系，了解他们的供货能力和价格情况，并进行对比分析。通过这种方式，他可以找到可靠的供应商，并确保材料供应的稳定性。

　　（2）建立战略合作伙伴关系。在与供应商的合作中，项目经理提出了与供应商建立战略合作伙伴关系的计划。通过合作，双方可以共同开展技术研发、材料供应等方面的合作，实现互利共赢。

　　（3）强调诚信合作。在与供应商的交往中，项目经理始终强调诚信合作的原则。供应商要按照合同约定，保证材料的供应和质量；而项目方则要按照约定支付货款。双方都要承担各自的义务和责任，共同维护合作关系。

　　（4）加强内部沟通协调。在项目实施过程中，项目经理注重加强内部沟通协调。各部门之间要密切配合，确保资源的合理分配和调配。同时，还要加强与政府部门、社会各界的沟通协调，争取更多的支持和帮助。

　　（5）科学规划。制订科学的资源计划是工程项目成功的关键。在制订计划时，要进行全面分析和评估，确保资源的合理配置和利用。

　　（6）合作共赢。工程项目需要各方面的支持与合作。通过建立战略合作伙伴关系，可以实现互利共赢的目标。

　　（7）诚信为本。在商业交往中，诚信是根本。工程项目需要与供应商建立诚信关系，共同维护合作关系，促进项目的顺利实施。

　　（8）加强沟通协调。工程项目需要加强内部和外部的沟通协调。通过有效地沟通，可以化解矛盾和冲突，争取更多的资源和支持。

　　（9）社会责任。工程项目作为公共基础设施的一部分，需要承担一定的社会责任。在实施项目时，要关注环保、安全等方面的问题，为社会发展和进步做出贡献。

总结：工程项目需要全面考虑资源计划和供应商管理等关键问题。通过科学规划、合作共赢、诚信为本、加强沟通协调和社会责任等方面的努力，可以有效地推进工程项目的顺利实施和社会的进步与发展。

知识目标

1. 了解资源配置计划的重要性；
2. 掌握劳动力投入计划的编制；
3. 掌握材料供应计划的编制；
4. 掌握主要施工设备供应计划的编制；
5. 熟悉资源供应的保障措施。

教学要求

1. 能够根据背景资料进行劳动力投入、材料供应、主要施工设备供应等计划的编制；
2. 能够根据项目实施的实际情况进行资源配置计划的调整。

重点难点

劳动力投入、材料供应、主要施工设备供应等计划的编制。

思维导图

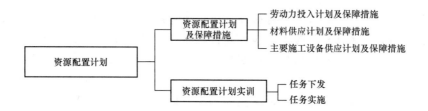

课件：资源配置计划

资源配置计划是根据单位工程施工进度计划的要求编制的，包括劳动力、物资、成品、半成品、施工机具等的配置计划。它是组织物资供应与运输、调配劳动力和机械的依据，是组织有秩序、按计划顺利施工的保证，同时也是确定现场临时设施的依据。

任务一　资源配置计划及保障措施

施工总进度计划编制以后，就可以编制各种主要资源需要量计划和施工准备工作计划。

各项资源需要量计划是做好劳动力及物资的供应、平衡、调度、落实的依据。其内容一般包括以下几个方面。

一、劳动力投入计划及保障措施

1. 劳动力投入计划

按照施工准备工作计划、施工总进度计划和主要分部分项工程流水施工计划，套用概算定额或经验资料，便可计算出各个建筑物主要工种的劳动量，再根据总进度计划中各单位工程分工种的持续时间，即可求得某单位工程在某段时间里的平均劳动力数。按同样的方法可计算出各个建筑物各主要工种在各个时期的平均工人数。将总进度计划表纵坐标方向上各单位工程同工种的人数叠加在一起并连接成一条曲线，即成为某工种的劳动力动态图。根据劳动力动态图可列出主要工种劳动力需要量计划表。

例如，某施工单位承接 6 个仓库及运输坡道和平台的施工任务，通过施工图设计图纸和施工方案确定了各工序的工程量，通过劳动定额和施工队施工水平确定了各施工工艺的施工工效，最后计算出主要工种劳动力需要量并形成计划表，见表 6.1。劳动力需要量计划是确定临时工程和组织劳动力进场的依据。

表 6.1　主要工种劳动力需要量计划表

工艺	工程量	总工日
钢筋/t [工效 0.5 t/(d·人)]	330	660
	1 560	3 120
	1 850	3 700
	1 770	3 540
	1 850	3 700
	1 855	3 710
	4 590	9 180
	13 805	27 610

工艺	工程量	总工日
混凝土/m³ ［工效 30 m³/(d・人)］	6 590	220
	13 500	450
	16 500	550
	17 700	590
	16 900	564
	16 500	550
	27 850	929
	115 540	3 853
架子工/m³ ［工效 50 m³/(d・人)］	75 000	1 500
	140 000	2 800
	168 000	3 360
	155 000	3 100
	165 000	3 300
	165 000	3 300
	328 000	6 560
	1 196 000	23 920
砌筑/m³ ［工效 2.5 m³/(d・人)］	1 000	400
	2 000	800
	1 900	760
	2 800	1 120
	1 900	760
	1 900	760
	11 500	4 600
抹灰/m² ［工效 25 m²/(d・人)］	17 500	700
	25 000	1 000
	33 000	1 320
	42 000	1 680
	33 000	1 320
	33 000	1 320
	183 500	7 340

（1）混凝土结构阶段主要劳动力投入计划。通过项目的施工组织设计，计算出混凝土施工阶段各分区和各流水段的劳动力需要量并形成计划表，见表 6.2。

表 6.2　混凝土结构阶段主要劳动力投入计划

片区	流水段	主要分项工程	分块工程量	工效	工期	人数配置
A 区	Ⅰ 段	支撑体系/m³	19 000	50 m³/(d·人)	10	38
		模板/m²	4 000	20 m³/(d·人)	8	25
		钢筋/kg	112 000	500 kg/(d·人)	8	28
		混凝土/m³	900	30 m³/(d·人)	1	30
	Ⅱ 段	支撑体系/m³	19 000	50 m³/(d·人)	10	38
		模板/m²	4 000	20 m³/(d·人)	8	25
		钢筋/kg	112 000	500 kg/(d·人)	8	28
		混凝土/m³	900	30 m³/(d·人)	1	30
	Ⅲ 段	支撑体系/m³	19 000	50 m³/(d·人)	10	38
		模板/m²	4 000	20 m³/(d·人)	8	25
		钢筋/kg	112 000	500 kg/(d·人)	8	28
		混凝土/m³	900	30 m³/(d·人)	1	30
	Ⅳ 段	支撑体系/m³	19 000	50 m³/(d·人)	10	38
		模板/m²	4 000	20 m³/(d·人)	8	25
		钢筋/kg	112 000	500 kg/(d·人)	8	28
		混凝土/m³	900	30 m³/(d·人)	1	30
B 区	Ⅰ 段	支撑体系/m³	19 000	50 m³/(d·人)	10	38
		模板/m²	4 000	20 m³/(d·人)	8	25
		钢筋/kg	112 000	500 kg/(d·人)	8	28
		混凝土/m³	900	30 m³/(d·人)	1	30
	Ⅱ 段	支撑体系/m³	19 000	50 m³/(d·人)	10	38
		模板/m²	4 000	20 m³/(d·人)	8	25
		钢筋/kg	112 000	500 kg/(d·人)	8	28
		混凝土/m³	900	30 m³/(d·人)	1	30
	Ⅲ 段	支撑体系/m³	19 000	50 m³/(d·人)	10	38
		模板/m²	4 000	20 m³/(d·人)	8	25
		钢筋/kg	112 000	500 kg/(d·人)	8	28
		混凝土/m³	900	30 m³/(d·人)	1	30
	Ⅳ 段	支撑体系/m³	19 000	50 m³/(d·人)	10	38
		模板/m²	4 000	20 m³/(d·人)	8	25
		钢筋/kg	112 000	500 kg/(d·人)	8	28
		混凝土/m³	900	30 m³/(d·人)	1	30

（2）各工种劳动力拟投入计划表。根据项目的施工组织设计和各分部分项工程的劳动力需用量计划，按施工的时间计算出 2022 年每个月各工种劳动量投入计划，见表 6.3。

表 6.3 各工种劳动力拟投入计划表

工期	2022 年											
工种	1	2	3	4	5	6	7	8	9	10	11	12
钢筋工	85	100	220	220	135	110	8	0	0	0	0	0
混凝土工	25	20	100	100	75	65	8	0	0	0	0	0
木工	65	200	200	200	130	110	16	0	0	0	0	0
焊工	20	20	20	20	20	15	4	0	0	0	0	0
测量工	20	24	24	24	24	24	12	6	2	0	0	0
塔式起重机司机	0	36	36	36	36	21	18	0	0	0	0	0
信号工	0	72	72	72	72	42	36	0	0	0	0	0
架子工	0	325	325	325	250	200	120	90	25	0	0	0
抹灰工	0	0	0	20	40	50	110	90	30	12	0	0
瓦工	25	25	16	18	45	125	80	40	5	0	0	0
电工	26	15	15	15	15	15	15	15	15	15	12	0
普工	65	200	200	200	200	200	200	100	80	25	25	0
钢结构	0	60	200	200	200	200	200	120	20	0	0	0
管线预埋	45	50	50	50	30	10	0	0	0	0	0	0
机电工程	0	0	0	40	40	100	120	120	80	10	10	0
装修工程	0	0	0	20	50	60	125	110	90	35	10	0
幕墙工程	0	10	20	20	60	80	80	80	35	25	0	0
总计												

2. 劳动力保障措施

（1）劳动力的选择。进行劳动力的选择时，应考虑以下因素：

1）劳动力素质：为保证现场施工质量，需要根据本工程的特点，选用素质较高、有类似工程施工经验的劳动力，并通过现场短期的培训不断提高劳动力的综合素质。

2）劳动力数量：根据工程的规模和施工技术特性及进度安排，按比例配备一定数量的劳动力，以避免窝工，又不出现缺人现象，使现有劳动力得以充分利用。

3）劳动力组织形式：建立适用于本工程特点的精干、高效的劳动力组织形式，做到管理到位、人员调动灵活且能降低管理费用。

4）根据工程的特点结合施工单位的实际情况，调遣具有较高施工技术水平和丰富施工经验的施工队。

（2）对劳务人员管理。

1）劳动力综合管理措施（表 6.4）。

表 6.4 劳动力综合管理措施

序号	管理措施名称	管理措施内容	备注
1	集中管理	本工程在整个施工过程中，所有工人在同一生活区，分专业、分区域管理	

序号	管理措施名称	管理措施内容	备注
2	错开上下班时间	为保证工人能够及时上下班,现场可采取错开各工种上下班时间的方法,错开时间以半个小时为宜,避免同一时间上下班出现运输紧张或运力不足的情况	
3	避免疲劳作业	按照建筑施工管理方法进行现场的文明施工确保民工的工作环境,根据《关于企业实行不定时工作制和综合计算工时工作制的审批办法》适当的调整工作和休息时间,确保民工不疲劳作业	
4	生活保障措施	搞好生活后勤工作,为员工提供日常的衣、食、住、行、医服务及设施,认真落实,以充分调动职工生产积极性	
5	劳动合同	加强劳务队伍与其劳动者签订劳动合同的监督,对未与劳务队伍签订劳动合同的劳动者禁止在施工现场从事施工活动	强制执行
6	专职分包管理	建立施工管理作业人员劳务档案,记录人员身份证号、职业资格证书号、劳动合同编号及业绩和信用等情况	专人管理
7	建立奖罚制度	为调动现场劳动力的积极性,我单位在进场时将与劳动队伍签订现场施工奖罚协议书,从工期、质量、安全、文明施工等各个方面制订相应的奖罚措施,做到现场管理"有法可依"	
8	旁站式监督	施工期间,现场技术人员对关键工序进行旁站式监督,劳动队伍的管理人员保证施工期间不离开现场。夜间施工期间,安排现场值班表,保证24小时有管理人员在现场	

2)对劳务人员进行上岗前培训并全面进行项目目标和技术落后交底工作(表6.5)。

表6.5 劳务人员上岗前培训表

序号	培训名称	保障内容
1	组织学习	组织工人学习本单位规章管理制度及项目规章管理制度
2	集中教育	对所有员工集中进行必要的技术、安全、消防教育
3	各项交底	各分项工程在开工前的技术交底,明确施工的重点和难点
4	强化培训	把项目的质量,文明施工目标层层分解、交底,使每位员工明确自己的目标和要求。对关键性的工艺、工法,有针对性地组织相关工种人员进行培训
5	树立正确思想	教育工人树立"质量第一、安全第一"的正确思想;遵守有关施工和安全技术法规;遵守地方治安法规

3)劳动力的考核。

①所有入场的施工作业人员必须接受我单位组织的各专业内容考核,包括专业基础知识、专业安全知识等,合格后方可上岗作业,我单位将对所有施工作业人员建立考核登记档案和安全学习记录。

②特种施工作业人员必须持证上岗,如电工、焊工、塔式起重机司机等。

4）劳动力的调配。合理调配劳动力是保证施工进度的关键。我司将充分利用企业内部整体的劳动力资源，在项目需要时，将及时进行统一调配，确保有充足的劳动力，保障该项目的顺利施工。

（3）劳务人员身心健康及人文关怀。定期开展"关爱农民工"活动，活动围绕"提高农民工岗位技能、维护农民工权益、保障农民工身心健康和提升农民工文明素质"四个方面广泛开展关爱活动。定期组织免费体检活动；端午节向劳务人员赠送粽子和生活用品，以表示端午节的关怀；酷暑为劳务人员"送清凉"，发放清凉油、十滴水等防暑药品等。定期组织劳务人员同项目管理人员开展娱乐运动活动，加强劳务人员同项目部管理人员的凝聚力。

二、材料供应计划及保障措施

1. 主要材料和预制加工品需用量计划

根据拟建的不同结构类型的工程项目和工程量总表，参照概算定额或已建类似工程资料，便可计算出各种建筑材料和预制品需用量，有关大型临时设施施工和拟采用的各种技术措施用料数量，然后编制主要材料和预制品需用量计划表（表6.6），以便于组织运输和筹建仓库。

表 6.6   主要材料和预制品需用量计划

材料名称\\工程名称	主要材料							备注
	型钢	钢板	钢筋	木材	水泥	砖	砂	...
	t	t	t	m³	t	千块	m³	

注：（1）主要材料可按型钢、钢板、钢筋、水泥、木材、砖、石、砂、油毡、油漆等填列。
　　（2）木材按成材计算。

2. 主要材料和预制加工品运输量计划

根据预制加工规划和主要材料需用量计划，参照施工总进度计划和主要分部分项工程流水施工进度计划，便可编制主要材料、预制加工品需用量的进度计划（表6.7）。运输量计划见表6.8。

表 6.7   主要材料、预制加工品需用量进度计划

序号	材料或预制加工品名称	规格	单位	需用量				需用进度					年	年
				合计	正式工程	大型临时设施	施工措施	年						
								一季度	二季度	三季度	四季度			

表 6.8　主要材料、预制加工品运输量计划

序号	材料或预制加工品名称	单位	数量	折合吨数	运距/km			分类运输量(t·km)				备注
					装货点	卸货点	距离	公路	铁路	航运	合计	

3. 主要工程材料采购、供应保障措施

（1）计划安排：根据施工总进度计划，提出材料供应计划，并考虑施工现场的实际情况，确定材料的损耗量，同时列入材料采购计划。

（2）定货源：严格选择供货厂家、安排好运输车辆。材料的供应应提前准备，按月、旬、周落实施工中材料的实际消耗量，从而调整月、旬、周材料供应计划。

（3）做试验：各种材料除必须有出厂合格证外，水泥、钢材要按规定取样做力学性能复试，防水材料必须复试；石料和砂在加工现场做含泥量、针片颗粒含量测定，不符合指标坚决不允许进场使用。

（4）进场把关：按施工总平面图组织材料现场堆放，除点数、检尺、过秤外，还要查看质保书，质保书不合格者严禁进场。

（5）钢材：钢材必须按双控把关。

（6）建筑施工机具准备：进场施工前，再次调查落实材料供应商的供货能力、材料质量及信誉度，以确保施工过程的质量。根据施工方案和进度计划的要求，编制施工机具需用量计划，为组织运输和确定机具停放场地提供依据。

4. 主要周转料具投入计划及保证措施

如房屋建筑墙、柱、梁板的施工，需要用到的周转材料投入见表 6.9。

表 6.9　主要周转料具投入计划

序号	周转物资名称	材料选型和规格	新投入数量	单位	投入时间
1	墙模板	18 mm 厚覆膜多层板			
2	柱模板	18 mm 厚覆膜多层板			
3	梁、顶板模板				
4	顶板支撑架	碗扣架			
5	可调顶托支撑				
6	木方	50 mm×80 mm			
7	外架	双排扣件脚手架			
8	主龙骨钢管	φ48×3.5			
9	普通对拉螺栓	直径 16 mm，$L=1.5$ m			
10	止水对拉螺栓	直径 16 mm，$L=1.0$ m			
11	脚手板	4 000 mm×250 mm			
12	临边防护架	钢管			
13	养护剂	水性			
14	脱模剂	水性			
15	塑料薄膜				
16	安全网	密目网			
17		大眼网			

及时为施工现场提供周转材料，应从以下几个方面做好周转材料供应保障措施：

（1）做好材料计划。根据施工进度计划编制物资需用量计划；了解市场货比三家，并根据物资需要量计划编制物资的采购、运输计划。现场必须做好月、周材料需求计划，及时报送厂家，给予厂家充分的准备时间。

（2）与多家供应商建立供求关系。为防止生产厂家因故停产，造成供应不及时，应联系多家有实力的供应商。

（3）严格合约条款，对供应时间做出明确的规定，并严格执行。

（4）做好储备工作。根据月度计划，超前采购所需材料，保证现场材料储备能满足工程一个月的需用量。

三、主要施工设备供应计划及保障措施

1. 施工机具需要量计划

主要施工机械，如挖土机、起重机等的需要量计划，应根据施工部署和施工方案、施工总进度计划、主要工种工程量及机械化施工参考资料进行编制。施工机具需要量计划除组织机械供应外，还可以作为施工用电容量计算和确定停放场地面积的依据。主要施工机具、设备需要量计划见表 6.10。

表 6.10　主要施工机具、设备需要量计划表

序号	机具设备名称	规格型号	电动机功率/kW	数量				购置价值/万元	使用时间	备注
				单位	需用	现有	不足			

注：机具设备名称可按土方、钢筋混凝土、起重、金属加工、运输、木加工、动力、测试、脚手架等机具设备分别分类填列。

2. 大型临时设施计划

大型临时设施计划应本着尽量利用已有或拟建工程的原则，按照施工部署、施工方案、各种需用量计划，再参照业务量和临时设施计算结果进行编制，见表 6.11。

表 6.11　大型临时设施计划表

序号	项目	名称	需用量		利用现有建筑	利用拟建永久工程	新建	单价/(元·m⁻²)	造价/万元	占地/m²	修建时间
			单位	数量							

3. 主要施工设备供应保障措施

工程施工质量的好坏、进度的快慢，很大程度上与施工机具的合理调配和使用有关，因此，做好施工设备供应计划的同时也要有相应的设备供应保障措施。

（1）编制合理的机械设备供应计划，在时间、数量、性能方面满足施工生产的需要。合理安排各类机械设备在各个施工队（组）间和各个施工阶段在时间和空间上的合理搭配，以提高机械设备的使用效率及产出水平，从而提高设备的经济效益。

（2）根据供应计划做好供应准备工作，编制大型机械设备运输、进场方案保证按时组织进场。

（3）加强机械设备的维修和保养，提高机械设备的完好率，使计划供应数量满足施工要求。

（4）合理组织施工，保证施工生产的连续性，提高机械设备的利用率。

任务二　资源配置计划实训

一、任务下发

根据本实训资料中的工程模型及工程量表等内容编制本工程的资源配置计划（注：为了更好地在课堂上完成实训任务，本实训背景资料对施工过程进行了简化，并设定了编制规则和要求，编制规则参考了广联达沙盘实训）。

（1）工程模型。工程模型如图6.1所示。

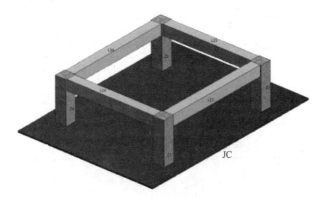

图 6.1　工程模型

（2）工程量表。描述此项目每个构件施工工序的工程量（表6.12）。

表 6.12　工程量表

编号	构件名称	工序	单位	工程量
JC—1	基础			
JC—1—1		绑钢筋	t	5
JC—1—2		支模板	m²	5
JC—1—3		浇筑混凝土	m³	10
Z—1	柱—1			
Z—1—1		绑钢筋	t	5
Z—1—2		支模板	m²	10
Z—1—3		浇筑混凝土	m³	10
Z—2	柱—2			
Z—2—1		绑钢筋	t	5
Z—2—2		支模板	m²	10
Z—2—3		浇筑混凝土	m³	10
D—3	柱—3			
D—3—1		绑钢筋	t	5

编号	构件名称	工序	单位	工程量
Z—3—2		支模板	m²	10
Z—3—3		浇筑混凝土	m³	20
Z—4	柱—4			
Z—4—1		绑钢筋	t	10
Z—4—2		支模板	m²	10
Z—4—3		浇筑混凝土	m³	10
L—12	梁—12			
L—12—1		支模板	m²	10
L—12—2		绑钢筋	t	10
L—12—3		浇筑混凝土	m³	10
L—23	梁—23			
L—23—1		支模板	m²	10
L—23—2		绑钢筋	t	5
L—23—3		浇筑混凝土	m³	10
L—34	梁—34			
L—34—1		支模板	m²	10
L—34—2		绑钢筋	t	5
L—34—3		浇筑混凝土	m³	10
L—14	梁—14			
L—14—1		支模板	m²	10
L—14—2		绑钢筋	t	10
L—14—3		浇筑混凝土	m³	15

注：假定钢筋班组工效为 5 t/周，模板班组工效为 5 m²/周，混凝土班组工效为 10 m³/周。一个月假定为四周。

二、任务实施

（1）施工进度计划（横道图）手绘。

（2）资源计划。劳务资源计划见表 6.13、表 6.14。

表 6.13　主要工种劳动力需要量计划表

工种及工效	部位	工程量	总工日
	小计		

表 6.14　各工种劳动力拟投入计划表

工期	2022 年											
工种	1	2	3	4	5	6	7	8	9	10	11	12
钢筋工												
混凝土工												
模板工												
总计												

材料资源计划见表 6.15。

表 6.15　主要材料和预制品需用量计划

材料名称 工程名称	主要材料			备注
	钢筋	水泥	砂石	…
	t	t	m³	
注：假定水泥和砂石经过混凝土搅拌机械加工后，能产出成品混凝土，其配合比为 1 t 水泥原材＋1 t 砂石原材＝2 m³ 的混凝土成品。				

周转材料资源计划见表 6.16。

表 6.16　周转材料使用计划

模板 (周转材料)	时间															
	1	2	3	4	5	6	7	8	9	10	11	12	13	14	15	16
使用数量																

主要机械使用计划见表 6.17。

表 6.17　主要机械使用计划

序号	机具设备名称	规格型号	电动机功率/kW	数量				购置价值/万元	使用时间	备注
				单位	需用	现有	不足			

临时设施建造计划见表 6.18。

表 6.18　临时设施建造计划

序号	项目	名称	需用量		利用现有建筑	利用拟建永久工程	新建	单价/(元·m⁻²)	造价/万元	占地/m²	修建时间
			单位	数量							

注：假定一个班组需要宿舍 20 m²，每 1 t 或每 1 m³ 需要库房 1 m²，造价均为 100 元/m²。

（3）学习心得及总结：

_____

_____

_____

_____

_____

_____

项目小结

本项目着重讲述了资源配置计划和资源配置计划保障措施。

做好项目的资源配置计划，有利于合理分配资源和劳动力，协调各方面的关系，做好进度计划，保证工期，提高工程施工的质量，从而使工程项目从技术和经济上得到有力保障。

项目七

施工总平面布置

施工总平面布置也要讲"品质"

——住房和城乡建设部等 12 部门出台《建筑工人施工现场基本配置指南》

2021 年，住房和城乡建设部等 12 部门联合印发了《关于加快培育新时代建筑产业工人队伍的指导意见》，深入贯彻落实党中央、国务院决策部署，加快培育新时代建筑产业工人队伍。其中指出：要按照《建筑工人施工现场生活环境基本配置指南》《建筑工人施工现场劳动保护基本配置指南》《建筑工人施工现场作业环境基本配置指南》要求，结合本地区实际进一步细化落实，加强监督检查，切实改善建筑工人生产生活环境，提高劳动保障水平。

《建筑工人施工现场生活环境基本配置指南》总体要求：加强建设工程施工现场生活区域标准化管理，改善从业人员生活环境和居住条件，保障从业人员身体健康和生命安全，生活区域应统筹安排，合理布局，按照标准化、智能化、美观化的原则规划、建设和管理。生活区域场地应合理硬化、绿化，生活区域应实施封闭式管理，人员实行实名制管理。生活区设置和管理由施工总承包单位负责，分包单位应服从管理。施工总承包单位应设置专人对生活区进行管理，建立健全消防保卫、卫生防疫、智能化管理、爱国卫生、生活设施使用等管理制度。生活区域应明确抗风抗震、防汛、安全保卫、消防、卫生防疫等方案和应急预案，并组织相应的应急演练。

生活区域设置除应符合本指南的规定外，还应符合《建设工程临建房屋技术标准》(DB11/693—2017)、《建筑设计防火规范（2018 年版）》(GB 50016—2014)、《建设工程施工现场消防安全技术规范》(GB 50720—2011) 等现行国家和行业标准要求。各地可根据本指南，结合本地区实际情况进一步细化，制定本地区建筑工人施工现场生活环境配置标准、指南或指引。

一、现场生活区

1. 专项规划与设计

生活区规划、设计、选址应根据场地情况、入住队伍和人员数量、功能需求、工程所在地气候特点和地方管理要求等各项条件，满足施工生产、安全防护、消防、卫生防疫、环境保护、防范自然灾害和规范化管理等要求。生活区域建筑物、构筑物的外观、色调等应与周边环境协调一致。

2. 生活区围挡设置

生活区应采用可循环、可拆卸、标准化的专用金属定型材料进行围挡，围挡高度不得低于1.8 m。

3. 生活设施设置

生活区应设置门卫室、宿舍、食堂、粮食储藏室、厕所、盥洗设施、淋浴间、洗衣房、开水房（炉）或饮用水保温桶、封闭式垃圾箱、手机充电柜、燃气储藏间等临建房屋和设施。生活区内必须合理硬化、绿化；设置有效的排水措施，雨水、污水排水通畅，场区内不得积水。食堂、锅炉房等应采用单层建筑，应与宿舍保持安全距离。宿舍不得与厨房操作间、锅炉房、变配电间等组合建造。生活区用房应满足抗10级风和当地抗震设防烈度的要求，消防要求应按照《建设工程施工现场消防安全技术规范》（GB 50720—2011）执行。

二、居住设施

1. 宿舍

宿舍楼、宿舍房间应统一编号。宿舍室内高度不低于2.5 m，通道宽度不小于0.9 m，人均使用面积不小于2.5 m²，每间宿舍居住人员不超过8人。床铺高度不低于0.3 m，面积不小于1.9 m×0.9 m，床铺间距不小于0.3 m，床铺搭设不超过2层。每个房间至少有一个行李摆放架。结合所在地区气候特点，冬、夏季根据需要应有必要的取暖和防暑降温措施，宜设置空调、清洁能源采暖或集中供暖。不得使用煤炉等明火设备取暖。不具备条件的，可以使用电暖气。具备条件的项目，宿舍区可设置适合家庭成员共同居住的房间。

2. 安保

生活区实行封闭式管理，出入大门应有专职门卫。生活区应配备专、兼职保卫人员，负责日常保卫、消防工作的实施。建立预警制度。

3. 消防

生活区要有明显的防火宣传标志，禁止卧床吸烟。必须配备齐全有效的消防器材。生活区内的用电实行统一管理，用电设施必须符合安全、消防规定。生活区内严禁存放易燃、易爆、剧毒、腐蚀性、放射源等危险物品。宿舍内应设置烟感报警装置。生活区内建筑物与建筑工程主体之间的防火间距不小于10 m。生活区内临建房屋之间的防火间距不小于4 m。应设置应急疏散通道、逃生指示标识和应急照明灯、灭火器、消火栓等消防器材和设施。

三、生活设施

1. 食堂与食品安全

食堂必须具备卫生许可证、炊事人员身体健康证、卫生知识培训考核证等。卫生许可证、身体健康证、卫生知识培训证须悬挂在明显处。就餐区域应设置就餐桌椅。食堂、操作间、库房必须设置有效的防蝇、灭蝇、防鼠措施，在门扇下方应设不低于0.6 m的防鼠挡板等措施。食堂必须设置单独的制作间、储藏间。制作间地面应做硬化和防滑处理，保持墙面、地面清洁，必须有生熟分开的刀、盆、案板等炊具及存放柜，应配备必要的排风设施和消毒设施。制作间必须设置隔油池，下水管线应与污水管线连接。必须在食堂合适位置设置密闭式泔水桶，每天定时清理。

2. 卫生间

生活区内应设置水冲式厕所或移动式厕所。厕所墙壁、屋顶应封闭严密，门窗齐全并通风良好。应设置洗手设施，墙面、地面应耐冲洗。应有防蝇、蚊虫等措施。厕位数量应根据生活区人员的数量设置，并应兼顾使用高峰期的需求，厕位之间应设置隔板，高度不低于 0.9 m。化粪池应做抗渗处理。厕所应设专人负责清扫、消毒，化粪池应及时清掏。

3. 盥洗间

盥洗池和水龙头设置的数量应根据生活区人员数量设置，并应兼顾使用高峰时的需求，建议在盥洗台部位设置采光棚。水龙头必须采用节水型，有跑、冒、滴、漏等质量问题的必须立即更换。盥洗设施的下水口应设置过滤网，下水管线应与污水管线连接，必须保证排水通畅。

4. 淋浴间

淋浴间必须设置冷、热水管和淋浴喷头，应能满足人员数量需求，保证施工人员能够定期洗热水澡；必须设置储衣柜或挂衣架；用电设施必须满足用电安全。照明灯必须采用安全防水型灯具和防水开关。淋浴间内的下水口应设置过滤网，下水管线应与污水管线连接。

5. 洗衣房

生活区应设置集中洗衣房。洗衣房应按照人员数量需求配备一定量的洗衣机。洗衣房应设置智能化使用、交费管理系统，建立洗衣机使用管理制度。宜在靠近洗衣房部位设置集中晾衣区，晾衣区应满足安全要求并具备防雨等功能。

6. 开水房

生活区应设置热水器等设施，保证 24 小时饮用开水供应。热水器等烧水设施应采取顶盖上锁或做防护笼等有效防护措施，应确保用电安全。开水房地面不得有积水，墙面悬挂必要的管理要求。

7. 锅炉房（视情况设置）

对于生活区采用锅炉供暖时必须编制专项管理方案，从锅炉房的选址、建造、锅炉质量保证、管线敷设、打压试水、燃料管理、废气、废渣排放消纳、日常检查维护保养等各个环节明确具体要求、管理标准和责任人。锅炉房必须建造独立房屋，并与宿舍等人员密集型场所保持安全距离，房屋建造材料满足消防要求，房屋必须有有效防排烟措施，锅炉使用期间，必须确保 24 小时有专人值班，交接班时必须有相应记录。锅炉使用的燃料管理必须满足安全、节能的要求，废气、废渣排放消纳必须满足环保管理规定。

8. 吸烟、休息点、饮水

在工地食堂、浴室旁边应设置吸烟及休息点，配置可饮水设备。施工区域禁止吸烟，应根据工程实际设置固定的敞开式吸烟处，吸烟处配备足够的消防器材。

四、卫生防疫

1. 卫生防疫制度

生活区应制定法定传染病、食物中毒、急性职业中毒等突发疾病应急预案。必须严格执行国家、行业、地方政府有关卫生、防疫管理文件规定。

2. 医务室

配备药箱及一般常用药品与绷带、止血带、颈托、担架等急救器材。应培训有一定急救知识的人员，并定期开展卫生防病宣传教育。

五、学习与娱乐设施

1. 农民工业余学校

设置农民工接受培训、学习的场所，配备一定数量的桌椅、黑板等设施。配备电视机、光盘播放机、书报、杂志等必要的文体活动用品。

2. 文体活动室

应配备电视机、多媒体播放设施，并设书报、杂志等必要的文体活动用品。文体活动室不小于 $35 \ m^2$。

生活区面积不足或周边设施健全的，可适当调整相应配置；施工现场不能设置生活区，异地设置的也应满足本指南要求。

知识目标

1. 掌握单位工程施工现场布置图的设计内容；
2. 掌握单位工程施工现场布置图的设计依据；
3. 掌握单位工程施工现场布置图的设计原则；
4. 掌握单位工程施工现场布置要求。

教学要求

1. 施工现场平面布置要以人为本；
2. 能够熟练运用施工现场平面布置原则；
3. 能够布置施工总平面图。

重点难点

1. 安全体验区的设计；
2. 施工现场平面的绘制。

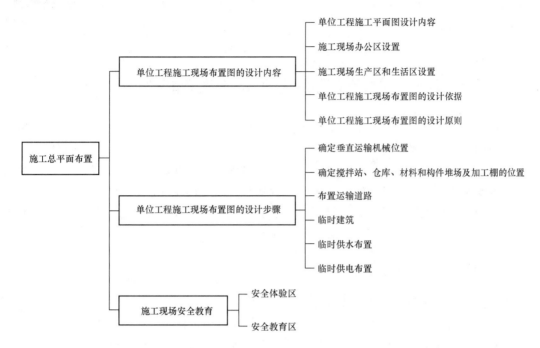

		单位工程施工平面图设计内容
		施工现场办公区设置
	单位工程施工现场布置图的设计内容	施工现场生产区和生活区设置
		单位工程施工现场布置图的设计依据
		单位工程施工现场布置图的设计原则
施工总平面布置		确定垂直运输机械位置
		确定搅拌站、仓库、材料和构件堆场及加工棚的位置
	单位工程施工现场布置图的设计步骤	布置运输道路
		临时建筑
		临时供水布置
		临时供电布置
	施工现场安全教育	安全体验区
		安全教育区

课件：施工总平面布置

施工平面布置是施工组织设计的重要内容之一。其明确了施工现场平面布置的内容有什么，又应该如何去布置。并强调当我们在进行施工现场平面布置设计时，应该遵循法律法规、标准和相关规范，还应本着"有利于施工""有利于成本控制""有利于安全管理"等为出发点，充分考虑各种因素，合理布局。

任务一　单位工程施工现场布置图的设计内容

单位工程施工平面图是对拟建工程的施工现场所做的平面规划和布置，是施工组织设计的重要内容。施工平面图应对施工所需的机械设备、加工场地、材料加工半成品和构件堆放场地及临时运输道路、临时供水、供电、供热管线和其他临时设施等进行合理的规划布置，是现场文明施工的基本特征。对于工程比较复杂或施工期较长的单位工程，施工平面图往往随工程进度（如基础、结构、装饰装修等）分阶段地有所调整，以适应各不同施工期的需要。施工平面图按照规定的图例绘制，一般比例为1∶200或1∶500。

一、单位工程施工平面图设计内容

单位工程施工平面图设计一般应包括以下各项内容：

（1）总平面图上已建和拟建的地上、地下建筑物或构筑物和各种管线的位置、尺寸；

（2）移动式起重机（包括有轨起重机）开行路线及垂直运输设施的位置；

（3）地形等高线、测量放线标桩的位置和取舍土方的地点；

（4）为施工服务的临时设施的布置；

（5）各种材料（包括水、暖、电、卫材料）、半成品、构件及工业设备等仓库和料堆；

（6）场内的施工道路布置及引入铁路、公路和航道位置；

（7）临时的给水管线、供电线路、蒸汽及压缩空气管道等布置；

（8）一切安全及防火设施的位置。

某建筑工程项目施工现场施工平面三维布置图如图7.1所示。

图7.1　某建筑工程项目施工现场施工平面三维布置图

二、施工现场办公区设置

施工现场办公室布置方案如下。

1. 办公室现场道路

施工单位进场后，在平面图示的位置上铺设 10 cm 厚的碎石道渣，在上面用 C25 混凝土铺设 10 cm 厚、5 m 宽的施工道路，负责现场材料的运输。基础土方开挖时，安排专人班组在工地出入口冲洗土方运输车辆的轮胎，并应设置洗车槽，避免运输车辆轮胎的淤泥污染市内路面。

2. 围墙出入口设计

根据现场的实际情况和业主提供的施工区域范围，现场西南方设置一个宽 6 m 的大门供施工机械和材料运输车辆进出，在红线范围内砌筑 2.2 m 高的围墙。

3. 办公室现场文明建设

（1）消火栓箱分放牢固，内外清洁。

（2）施工消防合用一条管道，因此施工中，注意用水，以防止过多的水流到施工场地上，影响施工。用水阀应及时检修，防止渗漏，并应注意节约用水，确保文明施工。

4. 办公区现场临时布置

办公区主要可分为业主办公室、监理办公室、施工单位办公室。设置一幢两层办公楼，采用彩钢板活动房。在办公区内同时设置宣传栏、自检镜、洗涤池等配套设施。在宣传栏上将设置工地铭牌；安全生产六律牌；防火须知牌；安全生产无重大事故日记数牌；工地主要管理人员及现场平面布置图等。为了给办公区创造一个整洁优美的办公环境，办公区内布置花坛和绿化带。

房屋分类应考虑建设单位办公室、监理办公室、施工单位办公室、大会议室、厕所、小会议室等。

三、施工现场生产区和生活区设置

施工生产生活区是生产建设项目施工的重要组成部分。施工生产生活区的类型及布设情况是多种多样的，根据可能造成的环境影响，应根据环境保护措施布设。

施工现场生产区和生活区设置应通过采取具体的土地整治、截排水防护、斜坡防护、林草防护和临时防护等措施，从而在施工生产生活区形成完整的水土保持措施体系。生产建设项目在施工建设过程中都需布置施工生产生活区，便于施工作业和施工管理，是施工组织设计的一项重要内容。合理的施工场地布置对确保施工环境的安全性和施工高效运作起着至关重要的作用。

影响施工生产生活区设置的因素众多，包括项目的类型、场地空间条件、地理环境条件、规模、工期变化性、经济合理性等。施工生产生活区的设置属于土建工程的前期必要程序，必然造成地表的扰动、地形地势的微改变，从而会产生一定的水土流失。由于绝大部分属于临建工程，造成的影响往往被忽视，在验收工作中也常常出现恢复不彻底的现象。因此，施工生产生活区的设置及其水土保持措施的布设需要引起人们足够的重视。

1. 施工生产生活区设置类型条件

施工生产生活区的类型。施工生产生活从使用属性上可分为施工生产区和施工生活区。其中，施工生产区是指合同工程施工地点，如拌合站、砂石骨料堆放场、机械维修停放场、加工厂、综合仓库、预制场等。施工生产区也叫作施工场地或施工布置区，施工场地布置依据施工场地的地形、地质、水文等环境条件、工程枢纽的布置要求、临时建筑和设施的布置要求等，将施工所涉及的混凝土生产系统、水电供应系统、交通系统、仓库系统等合理分配空间位置，要保证施工安全高效、耗资较低、组织管理容易。施工生活区是指项目部施工人员驻地，需要满足安全、消防、卫生防疫、环境保护、防汛防洪等要求，一般配有办公室、传达室（门卫室）、宿舍、食堂、厕所、盥洗设施、淋浴间、开水房、文体活动室、密闭式垃圾箱等临时设施，并对室内空间长宽高都有具体要求。《建设工程施工现场环境与卫生标准》（JGJ 146—2013）规定："施工现场的施工区域应与办公、生活区划分清晰，并应采取相应的隔离措施"。例如，龙开口水电站工程，生活区与施工生产区分区规划布置，中转料场、设备停放场等布置于大坝上游右岸，混凝土生产系统布置于大坝左岸下游，砂石加工系统布置于燕子崖石料场下方磨河沟右侧1 460～1 550 m高程的缓坡地，业主营地布置于中江河入江口左侧台地上。在现代化生产建设中，施工生产区与生活区及办公区分开设置，布设等级有一定的差异。

项目类型及施工生产生活区布设。根据生产建设项目类型，施工生产生活区布置各有不同。水利水电项目一般建在山区，施工生产生活区尽量选择布置在冲沟处、河滩地，以及挡水建筑物下游，保证高于当地洪水位及利用枯水期；这种部位比较平整，安全风险较小，场地平整工程量较小，可有效控制工程投资。例如，长距离输配水工程，施工线路较长，施工临建设施、辅助企业和堆料场地根据主要建筑物位置和施工要求布置，在隧洞作业面、大型倒虹、管桥等工程处设置施工区，每个施工区根据需要设置相应的施工辅助企业、仓库等。施工布置在水利工程施工中呈现出一定的特殊性，特点包括变化性、复杂性和经济性三个方面。因此，水利水电项目的施工生产生活区要紧密结合地形布设。

公路、铁路、河渠等线性工程，施工生产生活区一般根据线路长度或标段分段布置，即沿线分散布置在项目两侧，并考虑经济运距；交叉建筑物如立交工程、河渠交叉建筑物等由于工程量分布较集中、施工高峰强度较大，需要在附近单独布置施工生产生活区。上述施工生产生活区用地性质均属于临时占地。房地产、升压站、泵站、码头等点式站场工程项目，一般施工区域比较小，站区外围一般都设有围墙。施工生产生活区的布置空间非常有限，施工设施通常精简，可在场外购买成品的一般直接采购，场内仅利用时空顺序间隔布置少量堆放场地和加工场等。因此，施工生产生活区一般布置在项目永久占地范围内，并且位置根据施工工序进行调整。同一生产建设项目的不同建设区域，其施工生产生活区布置也有区别。在输变电工程中，变电站工程施工场地一般布置在站区永久占地范围内，不另行征地。输电线路沿线布置塔基施工区和牵张场。根据施工实际需要，在每个塔基周围设置临时施工场地，用于施工期间放置器材、材料及临时堆放开挖土石方。公路项目的超限检测站的施工生产生活区，部分利用匝道永久占地布设，部分在站外临时占地布设。

另外，部分项目受特殊地形限制，施工生产生活区需进行结合布置和重复利用。例如，乐昌峡水利枢纽工程属于峡谷河段的水利枢纽工程，两岸为陡峻的山体，岸坡为 $35°\sim45°$，渣场及施工营造均较困难；坝址下游右岸 1 km 处的滑石排坑大冲沟和左岸过木码头上游侧的砂基坑容量较大，可先用弃渣填高，然后作为施工营造布置场地。卡洛特水电站工程区场地布置条件狭小，为克服这一难点，根据工程施工总进度计划和土石方平衡规划，考虑施工场地的重复利用。在天然砂石加工系统和普通混凝土生产系统投产前，1 号分包商综合加工厂部分场地将用于临时混凝土拌合系统布置，2 号分包商机械修配停放场部分场地将用于临时混凝土拌合系统布置。综上所述，施工生产生活区的具体布设位置、布设规模、布设性质各有差异，从水土保持角度，主要体现在地形、空间和恢复方向的区别。另外，施工生产生活区一般在项目前期提前进行选址和场地平整。

2. 施工生产生活区水土保持措施布设原则

施工区和生活区水土保持措施布设。施工生产区和施工生活区根据使用属性上的区别，在水土保持措施的布设上应有差异。施工生产区内的施工活动较为专业和固定，一般在项目施工准备期就进行了选址和场地平整，是水土流失发生的主要环节，在施工期仅进行施工运行，仅有人员及运输机械的扰动，水土流失不严重。对使用周期较长，并且所处区域多年平均降水量在 400 mm 以上的，在施工生产生活区周边及内部需要布设截排水及沉沙措施。在达到防治水土流失功能的前提下，施工生产区排水沟和沉沙池可采用非衬砌断面；施工生活区根据《建设工程安全生产管理条例》，排水沟和沉沙池一般都采用现浇混凝土结构，并且多采用盖板沟形式，兼顾排水和安全防护。

永久占地和临时占地水土保持措施布设。根据具体施工方案需要，施工生产生活区可布置在主体工程永久占地范围内，如点式工程、场站工程、房地产项目；更多布置在主体工程永久征地红线范围以外，如道路工程、线网工程等。在大型生产建设项目中，对于不同分部工程，施工生产生活区可布置在永久征地红线内也可以布置在红线外。永久占地红线内的施工生产生活区计入永久占地，红线外的施工生产生活区计为临时占地。根据不同的占地属性，水土保持措施的布设应有差异。永久征地红线外的施工生产生活区需要布设完善的水土保持措施，包括工程整地措施、临时防护措施（截排水工程、表土临时防护工程）和植被恢复措施；征地红线内的施工生产生活区则可结合针对主体工程已布设的水土保持措施，经过分析如能兼顾，则可简化布设措施或省略布设。

不同地形施工生产生活区水土保持措施布设。由于地形的多样性，同一大型工程，在项目沿线或不同区域都可能存在局部微地貌的差别，有的施工生产生活区占地范围属于 $\leqslant$ 5° 的平地地貌，有的位于坡地。根据具体的施工作业的需要，可将整个施工生产区进行场地平整，也可根据高差需要依地势进行局部平整。平整后的施工生产生活区范围，若场地较平坦开阔，未形成明显边坡，一般仅考虑在场地周边布设排水沉沙措施；若场地平整后形成了高边坡，在周边布设截排水措施的基础上，还应考虑斜坡防护工程。

四、单位工程施工现场布置图的设计依据

建筑、结构设计和施工组织设计所依据的有关拟建工程的当地原始资料，包括气象、地形、水文地质及工程地质等自然条件调查资料；交通运输、水源、电源、物资资源、生产和生活基地情况等技术经济调查资料。

1. 建筑设计资料

建筑设计资料包括建筑总平面图上的一切地上、地下拟建的房屋和构筑物；一切已有和拟建的地下、地上管道位置，可考虑利用这些管道或需考虑提前拆除或迁移，并需注意不得在拟建的管道位置上建临时建筑物；建筑区域的竖向设计和土方平衡图；拟建工程的有关施工图设计资料。

单位工程施工现场布置图的设计依据——建筑总平面图，如图 7.2 所示。

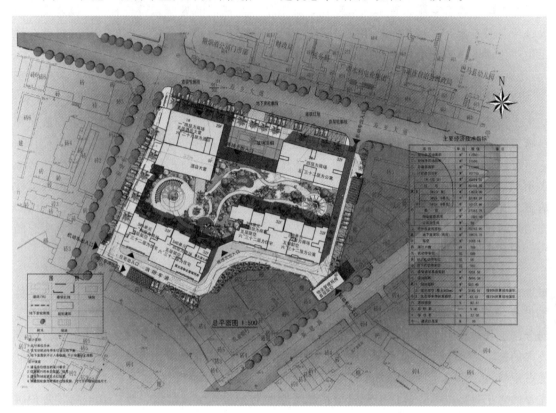

图 7.2 单位工程施工现场布置图的设计依据——建筑总平面图

2. 施工资料

施工资料包括单位工程施工进度计划，便于分阶段布置施工现场；施工方案可确定垂直运输机械和其他施工机具的位置、数量和规划场地；各种材料、构件、半成品等需要量计划，以便确定仓库和堆场的面积、形式与位置。

五、单位工程施工现场布置图的设计原则

单位工程施工平面图设计应遵循以下原则：

（1）在满足施工需要的前提下，尽可能布置紧凑，减少施工用地；

（2）最大限度地缩短场内运输，尽可能避免场内二次搬运；

（3）在保证顺利施工的条件下，尽量减少临时设施的搭设，并与永久性工程相结合，减少临时设施费用；

（4）便于职工的生产和生活；

（5）满足劳动保护、防火、安全和环境保护的要求。

某工程施工现场标准布置分区实拍图如图 7.3 所示，教学楼施工现场平面布置图范例
如图 7.4 所示。

图 7.3　某工程施工现场标准布置分区实拍图

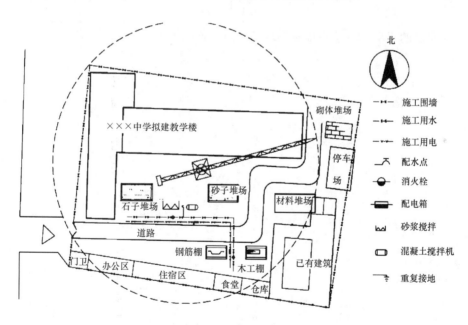

图 7.4　教学楼施工现场平面布置图范例

1. 单位工程施工平面图设计一般应包括哪些内容?

_____

_____

_____

_____

2. 影响施工生产生活区设置的因素有哪些?

_____

_____

_____

_____

3. 以你自己的想象,手绘一幅施工现场平面布置的二维图。

4. 在确定单位工程施工现场平面布置时为什么要考虑气象、地形、水文地质及工程地质等自然条件？

_____

_____

_____

_____

5. 在进行施工平面图设计时，为什么要考虑各种材料、构件、半成品等需要量计划？

_____

_____

_____

_____

6. 根据本书所列单位工程施工现场布置图的设计原则"（1）""（2）""（3）""（4）""（5）"，同学们认为违背了这些原则会有哪些不良结果的发生？

_____

_____

_____

_____

7. 学习心得及总结：

_____

_____

_____

_____

_____

_____

_____

任务二　单位工程施工现场布置图的设计步骤

一、确定垂直运输机械位置

（1）根据建筑物类型、高度选择塔式起重机类型：

1）轨道式塔式起重机：多层拼装式建筑；

2）附着式塔式起重机：多层和高层建筑；

3）爬升式塔式起重机：超高层建筑。

（2）根据建筑物的平面形状选择塔式起重机数量、型号：

1）塔式起重机一般布置在建筑物长边方向，尽量减少塔式起重机数量；

2）多台塔式起重机尽量能够共用钢筋、模板、砌块等堆场；

3）根据建筑物的宽度和塔式起重机与建筑物外立面的安全距离，选择塔式起重机型号；

4）塔式起重机的回转半径应覆盖全部建筑物。

（3）附着式塔式起重机施工方案：

1）选择起重机类型；

2）计算塔式起重机基础桩和基础（尺寸、混凝土强度、配筋）、地脚螺栓的数量、规格；

3）计算塔式起重机底座要求；

4）计算附墙件的道数、连接方式、截面要求；

5）设计避雷接地装置。

（4）固定式垂直运输机械（人货梯、井架），主要运输砌体、砂浆、装饰材料。布置时应考虑以下几项：

1）应布置在施工段分界线附近，或高低分界线较高部位一侧；

2）井架、人货梯以布置在窗口处为好，减少砌体修补工作；

3）服务范围一般为 50～60 m，根据运输材料数量调整；

4）井架卷扬机位置应确保操作人员能看清楚整个升降过程；

5）井架内侧一般位于脚手架外，中间铺设连接廊道；

6）人货梯采用附墙件固定，井架采用缆风绳固定；

7）人货梯与井架底部都应低于地面；

8）人货梯与井架基础都不需打桩，需要浇筑钢筋混凝土基础；

9）人货梯与井架操作人员都需持特种作业证书，后者较松。

二、确定搅拌站、仓库、材料和构件堆场及加工棚的位置

1. 加工设施布置

（1）与垂直运输机械的关系：材料堆场—加工设施—半成品堆场—垂直运输机械；

    （2）加工设施最主要考虑钢筋加工棚、砂浆搅拌机；

    （3）加工棚宽度为 5 m 左右，长度为 15 m 左右；

    （4）加工设施中间或不影响加工过程一侧设置配电箱；

    （5）加工设施处地面需要硬化；

    （6）加工设施上方应设置双层防护棚；

    （7）加工棚不设置围护。

2. 仓库和堆场布置

    （1）仓库布置：水泥仓库地势较高、靠近搅拌机；大宗材料仓库应靠近加工场地；油料仓库、乙炔仓库应封闭，且保证与办公、生活用房的安全距离。一般应接近使用地点，其纵向宜与交通线路平行，装卸时间长的仓库应远离路边。

    1）当有铁路时，宜沿路布置周转库和中心库。

    2）一般材料仓库应邻近公路和施工区，并应有适当的堆场。

    3）水泥库和沙石堆场应布置在搅拌站附近。砖、石和预制构件应布置在垂直运输设备工作范围内，靠近用料地点。基础用块石堆场应离坑沿一定距离，以免压塌边坡。钢筋、木材应布置在加工厂附近。

    4）工具库布置在加工区与施工区之间交通方便处，零星、小件、专用工具库可分设于各施工区段。

    5）车库、机械站应布置在现场入口处。

    6）油料、氧气、电石库应在边沿、人少的安全处；易燃材料库要设置在拟建工程的下风向。

    （2）材料堆场：用量大、使用时间长、供应与运输方便的材料，分批进场，尽量减少堆放面积；钢筋、钢管、砌块应靠近垂直运输机械；模板等密度较小材料应堆放在塔式起重机回转半径范围内。

    （3）构件堆场：在场地允许时，构件拼装或堆放应在安装位置的下方，便于起重设备吊装；采用井架运输的，尽可能靠近井架布置；小型构件堆放在塔式起重机的回转半径范围内。

3. 加工厂和搅拌站的布置

    总的指导思想是应使材料和构件的货运量小，有关联的加工厂适当集中。一般应将加工厂集中布置在同一个地区，且多处于工地边缘。各种加工厂应与相应的仓库或材料堆场布置在同一地区。

    （1）如果有足够的混凝土输送设备时，混凝土搅拌宜集中布置，或现场不设搅拌站而使用商品混凝土；混凝土输送设备可分散布置在使用地点附近或起重机旁。

    （2）临时混凝土构件预制厂尽量利用建设单位的空地。

    （3）钢筋加工厂设在混凝土预制构件厂及主要施工对象附近；木材加工厂的原木、锯材堆场应靠铁路、公路或水路沿线；锯材、成材、粗细木工加工间和成品堆场要按工艺流程布置，应设置在施工区的下风向边缘。

    （4）金属结构、锻工、电焊和机修厂等宜布置在一起。

    （5）沥青熬制、生石灰熟化、石棉加工厂等，由于产生有害气体污染空气，应从场外运来，必须要在场内设置时，应设置在下风向，且不危害当地居民。必须遵守城市政府在这方面的规定。

三、布置运输道路

道路应根据运量、运距、工期、地形和当地材料设备条件，采用多种形式，灵活布置。

1. 靠近主要场地，便利工程运输

运输便道应尽可能靠近修建的铁路和大型工地，但不能占用铁路路基，并应尽量避免与铁路路线交叉，以减少施工时对行车的干扰。

2. 合理选线、造价低、快速建成

充分利用有利的地形，使线路顺直，运程短；避免地质不良地带和工程造价高的工程；避免拆迁建筑物和穿过良田，少占农田；对原有道路经改善后，能利用者尽量利用。

3. 兼顾当地居民利益，尽量永临结合

在有可能的情况下，运输便道的修建要与当地的交通规划相结合。这样，既满足了道路施工，又利于地方经济的发展。

（1）施工现场主要道路应尽可能利用永久性道路或先建好永久性道路的路基，铺设细石混凝土路面，在施工结束后再铺设永久性路面。

（2）临时道路布置要保证车辆等行驶畅通，道路应设两个以上的进出口，有回转余地，设计成环形道路，覆盖整个施工区域，保证各种材料能直接运输到材料堆场，减少倒运，提高工作效率。主干道设计为双车道，宽度为 8 m；次要道路为单车道，宽度为 4 m。

（3）根据各加工、仓库及各施工对象的相对位置，将道路进行整体规划，保证运输畅通，车辆安全，节省造价。

（4）合理规划拟建道路与地下管线的施工顺序，在修建道路时，应考虑道路下的地下管网，避免将来重复开挖，尽量做到一次性到位，节约资源。

（5）在施工现场内设置环形临时消防车道。

（6）临时道路严格执行国家及省市有关法律、法规，认真贯彻建筑工程施工现场管理规定，临时道路设置要做到改善作业环境，防止粉尘、噪声和水源污染，有利于搞好现场卫生，保障职工身体健康，以良好的心态积极地投入施工生产。

（7）防止大气污染：施工现场道路勤打扫，保持整洁卫生，场地平整，施工现场垃圾、渣土要及时清理出现场，做到无积水、无黑臭、无垃圾，排水畅通。

（8）防止水源污染：施工现场排水必须经过沉淀后，排入污水管网。

（9）加强施工现场总平面布置的管理，按照总平面布置图，搭设临时设施，安装机具、堆放材料、构件，临时道路设置尽量减少现场二次倒运。

（10）施工现场保持场地平整，现场道路必须通畅，排水系统良好，场容场貌整洁，无长流水，无长明灯和路障。

四、临时建筑

1. 行政与生活福利临时建筑

（1）行政管理和辅助生产用房，包括办公室、警卫室、消防站、汽车库及修理车间等。

（2）居住用房，包括职工宿舍、招待所等。

（3）生活福利用房，包括俱乐部、学校、托儿所、图书馆、浴室、理发室、开水房、商店、食堂、邮亭、医务所等。

对于各种生活与行政管理用房应尽量利用建设单位的生活基地或现场附近的其他永久性建筑，不足部分另行修建临时建筑物。临时建筑物的设计，应遵循经济、适用、装拆方便的原则，并根据当地的气候条件、工期长短确定其建筑与结构形式。

一般全工地性行政管理用房宜设在全工地入口处，以便对外联系，也可设置在工地中部，便于全工地管理。工人用的福利设施应设置在工人较集中的地方或工人必经之路。生活基地应设置在场外，距离工地 500～1 000 m 为宜，并避免设置在低洼潮湿、有烟尘和有害健康的地方。食堂宜设在生活区，也可布置在工地与生活区之间。

2. 临时水、电管网和其他动力设施的布置

（1）尽量利用已有的和提前修建的永久线路。

（2）临时总变电站应设置在高压线进入工地处，避免高压线穿过工地。临时自备发电设备应设置在现场中心或靠近主要用电区域。

（3）临时水池、水塔应设在用水中心和地势较高处。管网一般沿道路布置，供电线路应避免与其他管道设在同一侧，主要供水、供电管线采用环状，孤立点可设枝状。

（4）管线空路处均要套以铁管，一般电线用 $\phi51 \sim \phi76$ 管，电缆用 $\phi102$ 管，并埋入地下 0.6 m 处。

（5）过冬的临时水管须埋在冰冻线以下或采取保温措施。

（6）排水沟沿道路布置，纵坡不小于 0.2%，过路处须设置涵管，在山地建设时应有防洪设施。

（7）消火栓间距不大于 120 m，距拟建房屋不小于 5 m，不大于 25 m，距离路边不大于 2 m。

（8）各种管道布置的最小净距应符合有关规定。

（9）行政管理、生活福利临时建筑面积参考指标见表 7.1。

表 7.1　行政管理、生活福利临时建筑面积参考指标表　　　　　　　　$m^2/$人

序号	临时房屋名称	指标使用方法	参考指标
一	办公室	按使用人数	3～4
二	宿舍	按高峰年（季）平均人数	
1	双层床	（扣除不在工地住人数）	2.0～2.5
2	单层床	（扣除不在工地住人数）	3.5～4.0
三	家属宿舍		16～25 $m^2/$户
四	食堂	按高峰年平均人数	0.5～0.8
五	食堂兼礼堂	按高峰年平均人数	0.6～0.9
六	其他合计	按高峰年平均人数	0.5～0.6
1	医务所	按高峰年平均人数	0.05～0.07
2	浴室	按高峰年平均人数	0.07～0.1
3	理发室	按高峰年平均人数	0.01～0.03
4	俱乐部	按高峰年平均人数	0.1

序号	临时房屋名称	指标使用方法	参考指标
5	小卖部	按高峰年平均人数	0.03
6	招待所	按高峰年平均人数	0.06
7	托儿所	按高峰年平均人数	0.03~0.06
8	子弟学校	按高峰年平均人数	0.06~0.08
9	其他公用	按高峰年平均人数	0.05~0.1
七	小型房屋	按高峰年平均人数	0.2~0.4
1	开水房	按工地平均人数	0.01~0.03
2	厕所	按工地平均人数	0.02~0.07
3	工人休息室	按工地平均人数	0.15

五、临时供水布置

建筑工地临时供水主要包括生产用水、生活用水和消防用水三种。生产用水包括工程施工用水和施工机械用水。生活用水包括施工现场生活用水和生活区生活用水。

1. 现场临时用水布置原则

根据工程施工现场的特点，施工现场临时给、排、雨水管网考虑沿基坑边布置，干线明敷，支路埋地暗敷设。冬季气温低再按规范要求采取相应的保温措施。

现场污水系统临时排水，经过现场的沉淀池后，采用 300 mm×400 mm 排水沟和集水井排入市政污水管网。

现场雨水管网设雨水集水井，沿基坑周边及各角落设置，道路均采用明排水沟排入市政雨水管网。

（1）材料准备。

1）材料应具有出厂合格证，达到国家有关质量标准。

2）材料采用 PVC 管材，应使用新管材。

3）阀门必须逐个进行严密性试验，保证阀门能够灵活开启和关闭。

4）消火栓应采用消防局认可的产品。

（2）施工用水管理规定。

1）供水线管应认真施工，连接牢固，并做好检查，要保证给水、消防管路畅通。

2）施工好的给水管线要做好成品保护，不得随意破坏，在施工地面、车辆行车或塔式起重机吊运相关材料时，不得损坏管线，无法避免损坏时，事前必须向机电管理人员汇报，以便做好应急处理措施。

3）水泵房应设值班人员，有专人维修。当施工用水时开启水泵，如不用水关闭水泵。

4）如临时用水的管道和其他阀件发生漏水现象，立刻通知值班人员将水泵关闭，将管路或阀件修复完成后，再开启水泵。

5）维护人员要对现场的临时用水系统，做到经常检查，发现阀件有不严、渗水、漏水现象，及时更换。

6）水泵不吸水、压力表指针剧烈跳动时，应检查底阀是否漏水，再灌足引水，拧紧漏气处。

7）在运行中，泵的轴承温度不得超过外界温度 35 ℃，其极限温度不得大于 75 ℃。

8）定期检查联轴器，注意轴承温升。

9）泵在运转中发现有不正常噪声时，应立即停止运转，检查其原因。

10）在冬季使用时，如短期停用水泵，须将存水放掉，以免冻裂水泵。

11）施工时要注意保证消火栓箱内设施完备且箱前道路畅通，无阻塞或堆放杂物。任何个人或单位不得在无火灾隐患时挪用现场的消防器材。

2. 工地施工工程用水量计算

（1）工地施工工程用水量计算公式为

$$q_1 = K_1 \frac{\sum Q_1 \cdot N_1}{T_1 b} \cdot \frac{K_2}{8 \times 3\ 600} \tag{7-1}$$

式中　q_1——施工工程用水量（L/s）；

　　　K_1——未预见的施工用水系数，取 1.10；

　　　Q_1——年（季）度工程量（以实物计量单位表示）；

　　　N_1——施工用水定额，取值见表 7.2；

　　　T_1——年（季）度有效工作日（d）；

　　　b——每天工作班数，取 1；

　　　K_2——用水不均匀系数，见表 7.3。

表 7.2　施工用水参考定额表（N_1）

序号	用水对象	单位	耗水量	备注
1	浇筑混凝土全部用水	m³	1 700～2 400	
2	搅拌普通混凝土	m³	250	实测数据
3	搅拌轻质混凝土	m³	300～350	
4	搅拌泡沫混凝土	m³	300～400	
5	搅拌热混凝土	m³	300～350	
6	混凝土养护（自然养护）	m³	200～400	
7	混凝土养护（蒸汽养护）	m³	500～700	
8	冲洗模板	m³	5	
9	搅拌机清洗	台班	600	实测数据
10	人工冲洗石子	m³	1 000	
11	机械冲洗石子	m³	600	
12	洗砂	m³	1 000	
13	砌砖工程全部用水	m³	150～250	
14	砌石工程全部用水	m³	50～80	
15	粉刷工程全部用水	m³	30	
16	砌耐火砖砌体	m³	100～150	包括砂浆搅拌
17	洗砖	千块	200～250	

序号	用水对象	单位	耗水量	备注
18	洗硅酸盐砌块	m³	300～350	
19	抹面	m²	4～6	不包括调制用水
20	楼地面	m²	190	
21	搅拌砂浆	m³	300	
22	石灰消化	t	3 000	

表 7.3　施工用水不均衡系数 K 值表

K 的类别	用水名称	系数
K_2	施工工程用水	1.5
	生产企业用水	1.25
K_3	施工机械、运输机具	2.00
	动力设备	1.05～1.10
K_4	施工现场生活用水	1.30～1.50
K_5	居民区生活用水	2.00～2.50

（2）施工机械用水量计算。施工机械用水量计算公式如下：

$$q_2 = K_1 \sum Q_2 \cdot N_2 \frac{K_3}{8 \times 3\,600} \tag{7-2}$$

式中　q_2——施工机械用水量（L/s）；

K_1——未预见的施工用水系数，取 1.10；

Q_2——同一种机械台数（台）；

N_2——施工机械台班用水定额，见表 7.4；

K_3——施工机械用水不均匀系数，见表 7.3。

表 7.4　施工机械用水量参考定额表

序号	用水对象	单位	耗水量 N_2	备注
1	内燃挖土机	L/(台班 m³)	200～300	以斗容量（m³）计
2	内燃起重机	L/(台班 t)	15～18	以起重吨数计
3	蒸汽起重机	L/(台班 t)	300～400	以起重吨数计
4	蒸汽打桩机	L/(台班 t)	1 000～1 200	以锤重吨数计
5	蒸汽压路机	L/(台班 t)	100～150	以压路机吨数计
6	内燃压路机	L/(台班 t)	12～15	以压路机吨数计
7	拖拉机	L/(昼夜台)	200～300	
8	汽车	L/(昼夜台)	400～700	
9	标准轨蒸汽机车	L/(昼夜台)	10 000～20 000	
10	窄轨蒸汽机车	L/(昼夜台)	4 000～7 000	

序号	用水对象	单位	耗水量 N_2	备注
11	空气压缩机	L/[台班（m³/min）]	40～80	以压缩空气机排气量（m³/min）计
12	内燃机动力装置（直流水）	L/(台班马力)	120～300	
13	内燃机动力装置（循环水）	L/(台班马力)	25～40	
14	锅炉机	L/(台班马力)	80～160	不利用凝结水
15	锅炉	L/(ht)	1 000	以小时蒸发量计
16	锅炉	L/(ht)	15～30	以受热面积计
17	点焊机 50 型 75 型	L/h L/h	150～200 250～350	实测数据
18	冷拔机	L/h	300	
19	对焊机	L/h	300	
20	凿岩机 01－30（CM－56） 01－45（TN－4） 01－3（KIIM－4） YQ－100	L/min L/min L/min L/min	3～8	

（3）施工工地生活用水量计算。施工工地生活用水量计算公式如下：

$$q_3 = \frac{P_1 N_3 K_4}{b \times 8 \times 3\ 600} \tag{7-3}$$

式中 q_3——施工工地生活用水量（L/s）；

P_1——施工现场高峰期生活人数；

N_3——施工工地生活用水定额，见表 7.5；

K_4——施工工地生活用水不均匀系数，见表 7.3；

b——每天工作班数。

表 7.5 生活用水参考指标表（N_3、N_4）

序号	用水对象	单位	耗水量	备注
1	工地全部生活用水	L/(人日)	100～120	
2	生活用水（盥洗、生活饮用）	L/(人日)	25～30	
3	食堂	L/(人日)	15～20	
4	浴室（淋浴）	L/(人次)	50	
5	淋浴带大池	L/(人次)	30～50	
6	洗衣	L/(人)	30～35	
7	理发室	L/(人次)	15	
8	小学校	L/(人日)	12～15	
9	幼儿园、托儿所	L/(人日)	75～90	
10	医院	L/(病床日)	100～150	

（4）生活区生活用水量计算。生活区生活用水量计算公式如下：

$$q_4 = \frac{P_2 N_4 K_5}{24 \times 3\ 600}$$ (7-4)

式中 q_4——生活区生活用水量（L/s）；

P_2——生活区居住人数；

N_4——生活区昼夜全部生活用水定额，见表 7.5；

K_5——生活区生活用水不均衡系数，见表 7.3。

（5）消防用水量计算。消防用水量 q_5 应根据建筑工地大小及居住人数确定，可参考表 7.6 取值。

表 7.6 消防用水量 q_5

序号	用水名称	火灾同时发生次数	用水量/(L·s^{-1})
1	居住区消防用水 50 00 人以内 10 000 人以内 25 000 人以内	一次 二次 三次	10 10～15 15～20
2	施工现场消防用水 施工现场在 25 公顷以内 每增加 25 公顷递增	一次	10～15 5

（6）施工工地总用水量计算。施工工地总用水量 Q 按照下面组合取最大值。

$$Q = \begin{cases} (q_1 + q_2 + q_3 + q_4)/(q_1 + q_2 + q_3 + q_4 \leqslant q_5) \\ q_1 + q_2 + q_3 + q_4 (q_1 + q_2 + q_3 + q_4 > q_5) \end{cases}$$ (7-5)

计算的总用水量还应增加 10%，以补偿不可避免的水管漏水损失。

（7）供水管径计算。工地临时网络需用管径可按下式计算：

$$D = \sqrt{\frac{4Q \times 1\ 000}{\pi v}}$$ (7-6)

式中 D——配水管直径（m）；

Q——施工工地总用水量（L/s）；

v——管网中水流速度（m/s），见表 7.7。

表 7.7 临时水管经济流速表

管径	流速/(m·s^{-1})	
	正常时间	消防时间
支管 $D < 0.10$ m	2	
生产消防管道 $D = 0.1 \sim 0.3$ m	1.3	>3.0
生产消防管道 $D > 0.3$ m	1.5～1.7	2.5
生产用水管道 $D > 0.3$ m	1.5～2.5	3

六、临时供电布置

施工现场临时供电包括计算工地总用电量、选择电源、确定变压器功率、布置配电线路和决定导线截面面积。

1. 工地总用电量计算

施工现场临时用电一般可分为动力用电和照明用电两类。在计算总用电量时，应考虑的因素有全工地动力用电功率、全工地照明用电功率和施工高峰用电量。总用电量按下式计算：

$$P = (1.05 \sim 1.10) \left\{ K_1 \frac{\sum P_1}{\cos\varphi} + K_2 \sum P_2 + K_3 \sum P_3 + K_4 \sum P_4 \right\} \tag{7-7}$$

式中　P——供电设备总需要容量（kV·A）；

　　　P_1——电动机额定功率（kW）；

　　　P_2——电焊机额定功率（kV·A）；

　　　P_3——室内照明容量（kW）；

　　　P_4——室外照明容量（kW）；

　　　$\cos\varphi$——电动机的平均功率因数（在施工现场最高为 0.75～0.78，一般为 0.65～0.75）；

　　　K_1、K_2、K_3、K_4——需要系数，见表 7.8。

表 7.8　需要系数（K 值）

用电名称	数量	需要系数			
		K_1	K_2	K_3	K_4
电动机	3～10 台	0.7			
	11～30 台	0.6			
	30 台以上	0.5			
加工厂动力设备		0.5			
电焊机	3～10 台	0.6			
室内照明	10 台以上	0.5		0.8	
室外照明					1.0

其他机械动力设备及工具用电可参考有关定额。

由于照明用电量远小于动力用电量，故当单班施工时，其用电总量可以不考虑照明用电。

2. 选择电源

选择电源应根据工地实际情况考虑以下几种方案：

（1）完全由工地附近的电力系统供电。

（2）工地附近的电力系统能供给一部分，工地需增设临时电站补充不足部分。

（3）工地属于新开发地区，附近没有供电系统，电力则应由工地自备临时供电。根据实际情况，确定供电方案。一般情况下是将工地附近的高压电网引入地的变压器进行调配。

其变压器功率按下式计算：

$$P = K \left\{ \frac{\sum P_{\max}}{\cos\varphi} \right\} \qquad (7\text{-}8)$$

式中　P——变压器的功率（kV·A）；

　　　K——功率损失系数，取 1.05；

　　　$\sum P_{\max}$——各施工区的最大计算负荷（kW）；

　　　$\cos\varphi$——功率因数。

根据计算结果，从产品目录中选取略大于该结果的变压器。

3. 选择导线截面

要使配电导线能正常工作，导线截面必须有足够的机械强度，能承受负荷电流长时间通过所引起的温升，使电压损失在允许范围内。

（1）按机械强度选择。导线在各种敷设方式下，应按其强度需要，保证必需的最小截面，以防止拉折而断，可根据有关资料进行选择。

（2）按允许电压降选择。导线满足所需要的允许值，其本身引起的电压降必须限制在一定范围内，可由下式计算：

$$S = \frac{\sum P \cdot L}{C_{\varepsilon}} \qquad (7\text{-}9)$$

式中　S——导线截面面积（mm²）；

　　　P——负荷电功率或线路输送的电功率（kW）；

　　　L——输送电线路的距离（m）；

　　　C——容许的相对电压降（即线路的电压损失百分比），其中，照明电路中容许电压降不应超过 5%；电动机电压降不应超过 ±5%；临时供电可达到 ±8%；

　　　ε——系数，视导线材料、送电电压及调配方式而定（三相四线铜线取 77.0，三相四线铝线取 46.3）。

（3）负荷电流的计算。导线必须承受负荷电流长时间通过所引起的温升，其自身电阻越小越好，使电流通畅，温度则会降低。

三相四线制线路上的电流可按下式计算：

$$I = \frac{P}{\sqrt{3}\,V\cos\varphi} \qquad (7\text{-}10)$$

线制线路可按下式计算：

$$I = \frac{P}{V\cos\varphi} \qquad (7\text{-}11)$$

式中　I——电流值（A）；

　　　P——功率（W）；

　　　V——电压（V）；

　　　$\cos\varphi$——功率因素。

导线制造厂家根据导线的容许温升，制订了各类导线在不同敷设条件下的持续容许电流值，在选择导线时，导线中的电流不得超过此值，参见有关资料。

按照以上三个条件计算的结果，取截面面积最大的作为现场使用的导线，通常，导线的选取是先根据计算负荷电流的大小来确定，然后再根据其机械强度和允许电压损失值进行复核。

4. 建筑工程供电系统

建筑工程供电使用的 220/380 V 低压配电系统中，根据电源端与地的关系、电气装置的外露可导电部分与地的关系，即低压配电系统按接地方式的不同可分为 TN、TT 和 IT 系统三类。TN 系统又可分为 TN－S、TN－C、TN－C－S 系统，建筑工地必须采用 TN－S 系统。

在系统的代号中，第一个字母表示电源与地的关系：T 表示电源有一点直接接地；I 表示电源端所有带电部分不接地或有一点通过阻抗接地。第二个字母表示电气装置的外露可导电部分与地的关系：N 表示电气装置的外露可导电部分与电源端有直接电气连接；T 表示电气装置的外露可导电分直接接地与供电系统如何接地无关。

5. 配电室

(1) 靠近电源，方便日常检查和维护。

(2) 成列配电柜和控制柜两端应与重复接地线及保护零线做电气连接。

(3) 配电室布置应符合下列要求：

1) 配电柜正面的操作通道宽度，单列布置或双列背对背布置不小于 1.5 m，双列面对面布置不小于 2 m。

2) 配电柜后面的维护通道宽度，单列布置或双列面对面布置不小于 0.8 m，双列背对背布置不小于 1.5 m，个别地点有建筑物结构凸出的地方，则此处通道宽度可减少 0.2 m。

3) 配电柜侧面的维护通道宽度不小于 1 m。

4) 配电室的顶棚与地面的距离不低于 3 m。

5) 配电室内设置值班或检修室时，该室边缘距配电柜的水平距离大于 1 m，并采取屏障隔离。

6) 配电室内的裸母线与地面垂直距离小于 2 m 时，采用遮栏隔离，遮栏下面通道的高度不小于 1.9 m。

7) 配电室围栏上端与其正上方带电部分的净距不小于 0.075 m。

8) 配电装置的上端距棚顶不小于 0.5 m。

9) 配电室内的母线涂刷有色油漆，以标志相序；以柜正面方向为基准，其涂色符合规定。

10) 配电室的建筑耐火等级不低于 3 级，并配置沙箱和扑灭电气火灾的灭火器。

11) 配电室的门向外开，并配锁。

12) 配电室的照明分别设置正常照明和事故应急照明。

13) 配电柜应装设电度表，并应装设电流表、电压表。电流表与计费电度表不得共用一组电流互感器。

14) 配电柜应装设电源隔离开关及短路、过载、漏电保护器。电源隔离开关分断时应有明显可见分断点。

15) 配电柜应编号，并应有用途标记。

16) 配电柜或配电线路停电维修时，应挂接地线，并应悬挂"禁止合闸，有人工作"

停电标志牌。停送电必须由专人负责。

17）配电室应保持整洁，不得堆放任何妨碍操作、维修的杂物。

18）配电室外醒目位置应标识维护运行机构、人员、联系方式等信息。

6. 自备发电机组

（1）发电机房设备布置应根据容量大小、台数设定。

（2）发电机组供电接地系统形式和接地电阻应与施工现场原有供电保持一致。

（3）发电机控制屏应装设交流电压表、交流电流表、有功功率表、电能表、功率因数表、频率表、直流电流表。

（4）发电机供电系统应设置电源隔离开关及短路、过载、漏电保护器。电源隔离开关分断时应有明确可分断点。

（5）当两台或两台以上发电机组并例运行时，必须装设同期装置，采取限制中性点环流的措施，并在机组同步运行后再向负载供电。

（6）移动式发电机的使用应符合下列规定：

1）移动式柴油发电机停放的地点应平整，发电机底部距离地面不应小于 0.3 m。

2）移动式发电机金属外壳和拖车应有可靠的接地。

3）发电机和拖车应固定牢固。

4）发电机上部应设防雨棚，防雨棚应牢固、可靠。

（7）发电机组电源必须与其他电源互锁，严禁并列运行。

7. 变压器、箱式变电站

容量在 400 kV·A 及以下的变压器，可采用杆上安装。杆上变压器的底部距离地面的高度不应小于 2.5 m。

容量在 400 kV·A 以上的变压器应采用地面安装。装设变压器的平台应高出地面 0.5 m，其四周应装设高度不小于 1.7 m 的围栏。围栏与变压器外的距离不得小于 1 m，并应在其明显部位悬挂警告牌。

采用箱式变电站供电时，其外壳应有可靠的保护接地。接地系统应符合产品技术要求；装有仪表和继电器的箱门，必须与壳体可靠连接，且应满足施工现场环境状况要求。

户外安装的箱式变电站，其底部距离地面的高度不应小于 0.5 m。进出线使用电缆，且所有的进出线电缆孔应封堵。

8. 三相四线制转换为三相五线制

根据《施工现场临时用电安全技术规范》（JGJ 46—2005）的要求，建筑施工现场临时用电工程专用的电源中性点直接接地的 220/380 V 三相四线制低压电力系统，必须采用 TN—S 接零保护系统，采用三级配电、两级漏电保护器保护系统。

一般都在总配电房或发电机房外围打一组重复接地极，用三根角钢、钢管或圆钢作为垂直接地体，用扁钢或圆钢作为水平接地体将三根垂直接地体焊连成整体，用黄绿双色多股铜芯线将水平接地体与总配电箱中保护导体（PE）汇流排牢固连接。

在总配电箱中，必须要用导线将保护导体（PE）汇流排与中性导体（N）汇流排相连接。值得注意的是，在现场供电系统线路中的其他部位，严禁将保护导体（PE）与中性导体（N）再连接。

9. 配电线路

常用的配电线路敷设方式有架空线路和电缆线路。其中，电缆线路可采用架空、埋地和沿支架等方式进行敷设。

（1）架空线路。架空线路施工程序主要是电杆定位与划线→杆坑开挖→电杆埋设→横担安装→绝缘子安装→电杆拉线安装→导线架设与固定→配电箱安装→导线与外接电源连接。

架空线路施工的安全技术要求有以下几个方面：

1）电杆定位应根据临时用电施工组织设计和现场的实际情况选定。

2）架空线路的挡距不得大于 40 m。空旷区域可根据现场情况适当加大挡距，但最大不得大于 50 m。

3）架空线路宜采用钢筋混凝土杆或木杆。钢筋混凝土杆不得有露筋、掉块、宽度大于 0.4 mm 的裂纹和扭曲；木杆不得腐朽，其梢径不应小于 140 mm。

4）施工现场供用电架空线路与道路等设施的最小距离应符合规定，否则应采取防护措施。

5）电杆埋设深度宜为杆长的 1/10 加 0.6 m 回填土应分层夯实。

6）直线杆和 15°以下的转角杆，可采用单横担单绝缘子，但跨越机动车道时应采用单横担双绝缘子；15°～45°的转角杆应采用双横担双绝缘子；45°以上的转角杆，应采用十字横担。

7）架空线路绝缘子选择原则：直线杆采用针式绝缘子；耐张杆采用蝶式绝缘子。

8）电杆的拉线宜采用不少于 3 根 $D4.0$ mm 的镀锌钢丝。拉线与电杆的夹角应在 30°～45°。拉线埋设深度不得小于 1.2 m。电杆拉线如从导线之间穿过应在高于地面 2.5 m 处装设拉线绝缘子。

9）受地表环境限制不能装设拉线时，可采用撑杆代替拉线，撑杆埋设深度不得小于 0.8 m，其底部应垫底盘或石块。撑杆与电杆夹角宜为 30°。

10）架空线必须架设在专用电杆上，严禁架设在树木、脚手架及其他设施上。

11）架空线必须采用绝缘导线。

12）架空线导线截面的选择应符合下列要求：导线中的计算负荷电流不大于其长期连续负荷允许载流量；线路末端电压偏移不大于其额定电压的 5%；三相四线制线路的 N 线和 PE 线截面不小于相线截面的 50%，单相线路的零线截面与相线截面相同；按机械强度要求，绝缘铜线截面面积不小于 10 mm²，绝缘铝线截面面积不小于 16 mm²；在跨越铁路、公路、河流、电力线路挡距内，绝缘铜线截面面积不小于 16 mm²，绝缘铝线截面面积不小于 25 mm²。

13）架空线在一个挡距内，每层导线的接头数不得超过该层导线条数的 50%，且一条导线应只有一个接头。

14）在跨越铁路、公路、河流、电力线路挡距内，架空线不得有接头。架空线路穿越道路处，应在醒目位置设置最大允许通过高度警示标识。

架空线路导线相序排列规定：动力、照明线在同一横担上架设时，导线相序排列是面向负荷从左侧起依次为 L1、N、L2、L3、PE；动力、照明线在二层横担上分别架设时，导线相序排列是上层横担面向负荷从左侧起依为 L1、L2、L3；下层横担面向负荷从左侧起依次为 L1（L2、L3）、N、PE。

（2）电缆电路。电缆型号的选择，应根据环境条件、敷设方式、用电设备的要求和产品技术数据，以及距离等因素来确定。一般按以下原则考虑：在一般环境和场所内宜采用铝芯电缆；在振动剧烈和有特殊要求的场所，应采用铜芯电缆；规模较大的重要公共建筑宜采用铜芯电缆；埋地敷设的电缆宜采用有外保护层的铠装电缆；在电缆沟或电缆隧道内敷设的电缆，不应采用有易燃和延燃的外护层，宜采用裸铠装、裸铅（铝）包电缆或阻燃塑料护套电缆；架空电缆宜采用有外披层的电缆或全塑电缆；三相五线制线路中应使用五芯电缆。

电缆敷设方式的选择应根据建筑施工现场条件、环境特点和电缆类型、数量等因素确定，且按运行便于维护的要求和经济技术合理的原则来选择。

电缆敷设常用的有直埋敷设、沿电缆支架敷设，其中，沿电缆支架敷设又可分为沿地沟支架敷设、沿墙上支架垂直敷设、电缆穿钢管敷设和架上敷设。

电缆线路施工的安全技术要求：电缆中必须包含全部工作芯线和用作中性导体（N）或保护导体（PE）的芯线。需要三相四线制配电的电缆线路必须采用五芯电缆，五芯电缆必须包含淡蓝、绿/黄两种颜色绝缘芯线。淡蓝色芯线必须用作中性导体（N），绿/黄双色芯线必须用作保护导体（PE），严禁混用；电缆截面的选择应符合《施工现场临时用电安全技术规范》（JGJ 46—2005）的规定，根据其长期连续负荷允许载流量和允许电压偏移确定；电线路应采用埋地或架空敷设，严禁沿地面明设，并应避免机械损伤和介质腐蚀；电缆类型应根据敷设方式、环境条件选择；电缆直接埋地敷设的深度不应小于 0.7 m，并应在电缆紧邻上、下、左、右侧均匀敷设不小于 50 mm 厚的细砂，然后覆盖砖或混凝土板等硬质保护层；埋地电缆在穿越建筑物、构筑物、道路、易受机械损伤、介质腐蚀场所及引出地面从 2.0 m 高到地下 0.2 m 处，必须加设防护套管，防护套管内径不应小于电缆外径的 1.5 倍；埋地电缆与其附近外电电缆和管沟的平行间距不得小于 2 m，交叉间距不得小于 1 m；埋地电缆的接头应设在地面上的接线盒内，接线盒应能防水、防尘、防机械损伤，并应远离易燃、易爆、易腐蚀场所；架空电缆应沿电杆、支架或墙壁敷设，并采用绝缘子固定，绑扎线必须采用绝缘线，固定点间距应保证电缆能承受自重所带来的荷载，敷设高度应符合《施工现场临时用电安全技术规范》（JGJ 46—2005）规定的架空线路敷设高度的要求，但沿墙壁敷设时最大弧正距地不得小于 2.0 m；在建工程内的电缆线路必须采用电缆埋地引入，严禁架空穿越脚手架引入；电缆线路必须有短路保护和过载保护，短路保护和过载保护电器与电缆的选配应符合《施工现场临时用电安全技术规范》（JGJ 46—2005）的规定要求；敷设电缆时，处于电缆转向拐角的人员，必须站在电缆弯曲半径的外侧，不能站在内侧；在已送电运行的配电室电缆沟内进行电缆敷设时，必须做到电缆所进入的开关柜必须停电，施工人员操作时必须有防止触及其他带电设备的措施，在任何情况下与带电体操作安全距离不得小于 1 m（10 kV 以下开关柜），电缆敷设完毕如果余度较长，应采取措施防止电缆与带电部分接触；电缆穿钢管敷设时，保护钢管长度在 30 m 以下者，内径不应小于电缆外径的 1.5 倍，超过 30 m 以上者不应小于 2.5 倍，两端管口应做成喇叭形，管内壁应光滑无毛刺，钢管外面应涂防腐漆。电缆引入及引出电缆沟、建筑物及穿入保护管时，出入口和管口应封闭。

（3）室内配线。

1）室内配线必须采用绝缘导线或电缆。

2）室内配线应根据配线类型采用瓷瓶、瓷（塑料）夹、嵌绝缘槽、穿管或钢索敷设。

3）室内非埋地明敷主干线距离地面高度不得小于 2.5 m。

4）架空进户线的室外端应采用绝缘子固定，过墙处应穿管保护，距离地面高度不得小于 2.5 m，并应采取防雨措施。室内配线在穿越墙壁、楼板时应使用绝缘保护管保护。

5）室内配线所用导线或电缆的截面，应根据用电设备或线路的计算负荷确定，但铜线截面面积不应小于 1.5 mm²，铝线截面面积不应小于 2.5 mm²。

6）钢索配线的吊架间距不宜大于 12 m。采用瓷夹固定导线时，导线间距不应小于 35 mm，瓷夹间距不应大于 800 mm；采用瓷瓶固定导线时，导线间距不应小于 100 mm，瓷瓶间距不应大于 1.5 m；采用护套绝缘导线或电缆时可直接敷设于钢索上。

7）室内配线必须有短路保护和过载保护，短路保护和过载保护电器与绝缘导线、电缆的选配应符合《施工现场临时用电安全技术规范》（JGJ 46—2005）的规定。

8）导线在转弯、分支和进入设备、器具处，应装设瓷夹、瓷柱或瓷瓶等支持件固定，其与导线转弯的中心点、分支点、设备和器具边缘的距离宜为瓷夹配线 40～60 mm；瓷柱配线 60～100 mm。

10. 安全注意事项

（1）核算每个用电设备容量，匹配与三相符，单独的保护装置。开关、电缆电线，做到一机一闸一漏一箱的规定要求。

（2）配电箱配供电电路标识明确，箱上贴有电字或危险警告标识，箱门封闭做法具有良好的防雨防潮性能，箱门上锁，钥匙由电箱门上所示姓名的专职电工持有，防止供错电、用错电、乱用电。

（3）现场电工分区交错巡视，发现用电人员违章用电予以及时制止并整改，防微杜渐，使现场能正确用电，安全用电。

（4）做好用电施工组织设计、技术交底，电气设备试检验凭单和调试记录，设立安全用电技术档案，并由项目机电工长保管管理。

（5）施工现场所用的电线应符合规范的铜芯电缆，电缆要用有保护层的"YHZ"型橡胶电缆，严禁用花线、塑料铜芯线作拖板引线，以防漏电造成事故，电缆的用电端是接线箱，箱内安装漏电保护开关、闸刀、插座等。

（6）电源从业主单位指定的总电控制箱（一级点）接线，施工人员自工地各分层电用控制箱（二级点）的出口端采用国家规范的铜芯电缆开始拉线作为施工临时拉线至各施工段或施工点作为三级点。

（7）临时电路设一级配电箱于各楼层，通过电缆线与原有主配电箱相连（设置一个总闸刀箱，楼层分闸刀箱）。

（8）施工过程中的临时用电以活动拖线盒进行机动性牵设，在一、二级配电箱及活动拖线盒上均应设置漏电保护器，实现三级保护，确保用电安全。

1. 布置运输道路有哪些要求？

_____

_____

2. 建筑工地临时供水主要有哪些？

_____

_____

3. 工地施工工程用水量计算公式是什么？

_____

_____

4. 低压配电系统按接地方式的不同可分为什么？代表什么含义？

_____

_____

5. 临时供电布置安全注意事项有哪些？

_____

_____

6. 学习心得及总结：

_____

_____

_____

_____

任务三　施工现场安全教育

一、安全体验区

1. 目的

为规范局所属项目安全教育体验区的设置、使用，避免盲目投入造成经济浪费，保障体验过程安全，确保取得实效，特制定本标准。

2. 设置、体验标准

体验场区应采用围挡与施工现场有效隔离，场区空间大小应结合现场实际并确保各项体验活动的有效开展。从安全、实用、经济的角度确定设置平衡木体验、安全帽体验、安全带体验等17项体验项目，宜将各体验项目做成模块化，可重复利用，拼装方便，降低成本。原则上局重点工程可设置安全教育体验区，二、三级单位可根据项目分布情况，以区域集中体验为准则，选择一处设置体验中心，辐射其他项目，相关单位要充分保障体验区的利用率。

3. 安全注意事项

（1）安全注意事项：施工人员必须经过体验场设备的安装与拆除培训；机械、电气、液压工程师施工前技术交底；施工人员进入现场需穿戴好相应的防护用具；施工人员严格按图施工；设备安装完成，由总工组织设备的调试；调试完成，设备运行正常，自检合格后方可交付使用。

（2）体验注意事项：体验场必须由专人管理。并设置专门的体验设备操作人员；体验设备操作人员需经设备制造商培训，熟悉设备操作流程；进入体验场打开总电源，并检查每个体验设备供电、空载运行是否正常。设备空载运行正常后方可组织体验活动，体验人员进入现场需穿戴好相应体验设备所需的防护用具，体验人员进入现场需服从设备操作人员的指挥；患有心脏病、高血压、恐高症等症状的人员不适合参加体验。建议体质偏弱或过于肥胖的人员不要参加体验；设备操作人员需要在每个体验项目开始前，向体验人员讲解体验时的动作及安全注意事项，检查体验人员防护用具穿戴合格后方可开始体验；参加体验人员要文明、有序的参加体验活动；雨雪天气或高温、极寒天气禁止组织体验活动。

（3）具体安全教育体验区设置及体验标准见表7.9。

表 7.9　安全教育体验区设置及体验标准表

体验项目汇总表				
序号	体验项目名称	主要功能	规格、材质	体验流程
1	安全帽体验	测试安全帽的性能，通过安全帽撞击体验来验证安全帽是否合格及撞击对人体的影响，提高大家对安全帽的认识，强调安全帽的重要性	3 800（长）×1 300（宽）×2 850（高）4 个体验位	气动、电气控制。开启空压机，按上升键，铁棒沿导轨上升，体验人员进入体验位，继续按上升，铁棒在最高点自由落体坠下，击中体验者安全帽

序号	体验项目名称	主要功能	规格、材质	体验流程
2	洞口坠落体验	体验施工现场中常见的洞口坠落事故，正确认识洞口的危险性，培训根据不同规模、不同状况中的洞口安全防护方法	4 500（长）×2 500（宽）×6 000（高） 2 个体验位 方钢管、矩形钢管、4 mm 钢板、2 mm 钢板、10 mm 钢板、4 mm 花纹、钢板 10 mm 钢化玻璃，海绵	气动、电气控制，踏板带自锁装置。开启空压机，体验人员站在二层体验位，按下降键，自锁装置解锁，体验位踏板在气缸拉动下迅速张开，体验人员自由落体坠入一层海绵堆中
3	安全带体验	预防高处坠落事故，学习安全带正确的使用方法，通过半身安全带、护腰安全带的体验及比较，了解安全带的安全性能及坠落危险	5880（长）×600（宽）×5 600（高） 4 个体验位 6 mm 钢板、4 mm 钢板、2 mm 钢板、10 mm 钢板 80 方管 300 mm 海绵垫	液压驱动、电气控制，配备 4 组安全带。开启液压泵站，体验人员站在海绵垫上，系好安全带，按下电磁铁启动，再持续按上升按钮，双侧油缸上升，体验人员随横梁上升至一定高度，按下跌落按钮，电磁铁脱落，体验人员自由落体下坠，安全带受到剧烈冲击，按下降按钮，油缸下落，体验人员回到地面
4	平衡木体验	检查劳动者平衡力，检查出饮酒或不安全作业人员，随时检测作业人员的健康状态，预防安全事故的发生	3 800（长）×700（宽）×400（高） 100 方钢管	底部与地面连接牢固。体验人员双臂张开，从一端慢慢走至另一端
5	搬重块体验	教授搬运重物时的搬运技巧，告知作业人员错误的搬运姿势会导致重大事故，做好预防事故教育	350（长）×350（宽）×350（高） 4 组 1.2 mm 钢板	配相应重量砂石。一般人们搬重物都是降低上半身的重心来搬重物，这种方法是错误的，很容易导致腰部受伤。正确方法是先站到尽可能靠近物品的地方跪下，单膝着地，保持腰背部自然弯曲，收紧你的核心肌肉——腹部、背部和骨盆的肌肉，然后在两腿之间抬起物品。小心托住物品，物品要靠近你身体，再将物品放到膝盖上，利用双腿抬起物品
6	灭火装置体验	培训灭火器的种类及管理方法，教育发生火灾时及时灭火的处事方法，熟知灭火器的正确使用及喷射方法	2 300（长）×600（宽）×1 400（高） 4 组 1.2 mm 钢板	带遥控发烟装置，带声光警灯，电气控制。按下遥控器发烟按钮，底部喷出大量烟雾，模拟着火状态，打开警灯，警铃响起，讲解灭火器使用方法及灭火方式

续表

序号	体验项目名称	主要功能	规格、材质	体验流程
7	门式架体验	培训在施工现场常用的移动式操作平台种类及使用规定，了解作业时的安全隐患及事故情况	3 000（长）×2 000（宽）×3 000（高） 2组 45钢管、1.2 mm钢板	带脚轮，挡脚板。规范门式架应具备脚轮、支撑杆、挡脚板、钢踏板。不规范门式架无上述组建，用无固定木板当踏板容易引发事故
8	综合用电体验	预防施工现场临时用电引起的触电事故，提高对各种用电安全事故的警戒心，培训临时用电的正确使用方法	5 300（长）×600（宽）×1 900（高） 1.2 mm钢板 50角钢、彩钢板	带防雨棚。展示工地常用临时用电的正确和错误的接线方式，说明触电的机理和触电事故的处理方式
9	劳保展示柜	通过穿戴防护服的模特及作业人员现穿戴的服装进行对比，培训作业人员正确穿戴防护用品	950（长）×950（宽）×2 150（高） 1 200（长）×500（宽）×900（高） 1.2 mm钢板 8 mm玻璃	带模特及相应防护用具。模特应穿戴安全帽、护目镜、防尘面具、工作服、警示背心、五点安全带、劳保鞋、绑腿、手套。展示柜展示常用劳保用具
10	标准爬梯体验	培训施工现场不规范爬梯中的坠落安全事故，正确认识不规范爬梯的危险性。通过各种梯子比较及体验，了解梯子倒下及坠落的危险性，教育梯子正确的摆放标准	2 520（长）×1 250（宽）×2 500（高） 3组梯子 65角钢、4 mm钢板、2 mm钢板 50角钢、45钢管	带自锁器、防坠器、安全绳。体验人员体验防坠器、安全绳、自锁器的使用方法。操作人员讲解人字梯、爬梯的使用方法
11	重物吊装体验	使用通过检验的安全网，了解重物坠落时安全网的强度，教育使用劣质品时所引发的事故。演示使用吊具的准确方式，通过展示钢丝绳来培训钢丝绳准确的连接方式	3 500（长）×500（宽）×5 500（高） 65角钢、50角钢、32角钢、1.2 mm钢板	电气控制，带3组吊物。用电葫芦手操器进行吊装模拟操作，主要培训3组吊物的钢丝绳系固方法。用电葫芦手操器将重物吊至一定高度，释放电磁铁，重物坠落至防护网上，检测防护网强度
12	滑移平台体验	体验施工现场常见的劣质通道上通行所带来的危险性，预防因通道不稳定而造成的安全事故	1 750（长）×1 200（宽）×3 400（高） 65角钢、6 mm钢板 1.2 mm钢板、4 mm花纹钢板	液压驱动、电气控制。带红外传感自动模式。体验人员在安全通道上行走，红外传感器感受到人员通过信号，平台在油缸推动下左右平移，模拟不稳定平台的晃动

175

序号	体验项目名称	主要功能	规格、材质	体验流程
13	倾翻护栏体验	正确认识劣质栏杆的危险性，培训安装安全栏杆的标准和安装要求，使作业人员根据使用用途来选择安装合适的安全栏杆	1 750（长）×1 200（宽）×3 400（高） 65 角钢、4 mm 钢板、1.2 mm 钢板 70 钢管	液压驱动、电气控制，横杆带海绵防护，铁链防坠。体验人员倚靠防护栏杆，开启液压泵站，按倾翻按钮，防护栏杆迅速向外侧倾斜15°，模拟栏杆倾翻
14	平台倾翻体验	当施工人员在移动式操作平台提取重物时，若平台固定不当，将可能倾翻，培训施工人员对平台倾翻危险性的认知	1 900（长）×1 400（宽）×4 800（高） 60 钢管、45 钢管、32 钢管、4 mm 花纹钢板	液压驱动、电气控制。配备安全带、安全绳。体验者登至顶部平台，系好安全带，用绳子从侧面提桶。操作人员开启液压泵站，按倾翻按钮，平台在油缸推动下倾翻 15°，模拟高层平台颠覆
15	爬梯护栏体验	培训施工现场不规范爬梯中的坠落安全事故，正确认识不规范爬梯的危险性	500（长）×500（宽）×7 000（高） 2 组 65 角钢、45 钢管、50 扁钢	配备防坠器、安全绳、安全网。不规范爬梯无任何防护，禁止攀登。规范爬梯有护圈、防护网，体验者系好安全绳上的防坠器，由底部爬至梯子顶部，进入外架平台
16	模拟触电体验	通过模拟触电体验感知触电对人体造成的身体和心理伤害，培训施工现场正确的用电方法	950（长）×950（宽）×1 400（高） 1.2 mm 钢板、50 角钢	配备直流触电仪。体验人员左右手指轻触触电仪体验柱，操作人员逐渐增大电流，体验人员瞬间被电流击中，双手有针刺感觉
17	现场急救体验	熟知担架的使用方法和移动受伤人员的正确方式。培训现场急救的方法，学会简单的心脏复苏方法	2 300（长）×600（宽）×1 900（高） 1.2 mm 钢板、50 角钢	配备担架、急救箱、心脏复苏仪。体验者模拟受伤，另两名体验者用担架运送伤员，用心脏复苏仪模拟救生

4. 安全体验区管理细则

（1）安全体验区管理。

1）安全体验区工作，要有专人负责的工作原则，负责人负责安全体验区管理工作，其他人员不得随意操作。

2）贯彻安全法规条例，掌握本单位安全生产的具体情况。

3）制订日常培训计划，有计划、有步骤地对施工人员进行安全知识、技能的宣传、教育和培训。

4）拟定体检区器材及设施的列入安措费。

5）在每个体验项目处，应设置标示，介绍各项体验项目的体验重点及所涉及的安全知识。

（2）安全体验区维保。

1）每月检查一次，保证安全体验区内设备能正常使用。

2）暴风雪及台风、暴雨等恶劣天气后，均应对安全体验区设施逐一检查，发现有松动、变形、损坏或脱落等现象，应及时修理完善。

3）安全体验结束后，应整理好工具及物件，防止坠落伤人。另外，还必须检查工作地及下方地面是否留有火种，确认无隐患后方可离开现场。

（3）安全体验区要求。

1）项目部人员进入体验区进行培训时，由项目安全部、办公室统一安排，履行签字手续，按序体验。

2）外部单位人员培训时，需要提前与项目安全总监、办公室联系，商讨体验时间等详情，履行签字手续。

3）进入安全体验区必须戴安全帽，不得穿硬底鞋、高跟鞋、拖鞋或赤脚进入安全体验区。

4）所有装置、机具设备必须有专人负责，并有保护措施，统一管理，禁止闲杂人进入。

5）消防安全展示体验的台面及周边不得放置易燃易爆物品。

6）严禁酒后或身体不适者进入安全体验区。

7）所有参与操作相关人员必须认真学习并贯彻安全施工规范措施，严格遵守各项安全施工规定。

8）操作平台应具有必要的强度和稳定性，使用过程中不得摇晃。

9）进行安全体验活动前，确定所有安全体验器材和人身防护品正常，如有损坏不得进行；发现有缺陷或隐患时，必须及时解决。

10）参与体验的工作人员，必须经过专业技术培训，体验前讲解注意事项，防止发生其他情况。

11）安全体验区现场所有可能坠落的物件，应一律拆除或加以固定。

（4）安全体验区接待。由安全总监、办公室主任牵头，安排专人负责体验区的接待、讲解工作，服务热情周到，讲解细致。

（5）安全体验区资料归集。

1）建立安全体验计划，每月至少进行 3 次体验。

2）建立安全体验区档案、体验人员签到表及体验照片归档。

二、安全教育区

根据《中华人民共和国安全生产法》和行业有关安全教育规定，每位工人都得进行入场教育，经考试合格后，才可以正式进场工作。

1. 建筑行业的特点

（1）产品是固定，作业是流动的。做施工，盖的房子是固定的，但是工作人员随着工程所在地点的变化而不断流动。即便是在一个工地上施工，也会随着工程进度的变化而不断流动。正是由于工作环境和条件产生的动态变化，施工周期转化快，所以安全隐患很大。

（2）劳动强度大，劳动力密集。劳动强度大是指体力负担重，而且要求思想高度集中，这是与一般行业不同的地方。一般行业八小时工作制，建筑行业遇到抢工期，大量人员在工地上，有时候需要加班加点，一不留神就可能发生事故，甚至连命都没了，所以，希望大家要充分认识到高强度作业给人们带来的危险性。

（3）建筑施工多数都是露天作业，交叉作业多，生产安全事故多发。露天作业遇到高温，蒸晒无处躲藏，有的人想到沟底边乘凉，有的人想把安全帽摘下来，凉快凉快，这个时候就容易发生事故。同样，天冷的时候，寒风刺骨，有的人穿得多，但是要提醒大家一句，不要穿不灵便的衣物，以免刮蹭发生意外；交叉作业是指多个工种的人同时工作。有些人只了解自己的工种，不了解其他人的工程程序，这时候就容易发生事故。

（4）从业人员构成成分复杂，安全意识比较差。有些人意识不到施工的危险性，有些人侥幸心理很强，还有些人甚至不遵守劳动纪律，违章操作，这些都给安全生产带来了隐患。

2. 施工人员的权利和义务

根据《中华人民共和国安全生产法》，员工享有以下五项权利：

（1）员工享有工伤保险和伤亡求偿权。大家签订劳动合同，在合同中明确说明有关保障劳动安全，防止职业危害的事项，同时，在合同中也应该含有为员工办理工伤社会保险的事项，如果因为安全生产事故受到损害的工人，除依法享有工伤社会保险外，依照有关民事法律还有获得赔偿的权利，有权向单位提出赔偿要求。

（2）危险因素和应急措施的知情权。建筑行业有毒有害物质很多，如粉尘、噪声，还有一些工种、工序都有发生伤亡的可能，但是这些危害不是不可以避免的，作为企业方会如实地将这些危险因素和应急措施告诉大家，使大家在工作中对这些危害提前避免。大家对工作岗位中存在的危险因素也要主动地向单位的领导、安全员、班组长、设备管理员等相关人员进行了解。

（3）安全管理的批评检控权。批评检控权就是大家对安全管理中的问题，有权利批评，有权利检举，有权利控告。在生产过程中，因为施工周期转化快，工人作为生产一线人员，对随时可能出现的危险因素最了解，因此，工人的批评和监督更具有针对性，工作中一旦有班组长向工人分配任务的时候，对不安全状态和部位，没有实施安全措施的，你可以向班组长提出来，如果他坚持让你在这种状态下工作，你可以向项目安全员反映，直到解决实际问题，恢复安全的状态下继续工作。所以对安全生产中存在的问题、员工有权向直接领导、安全管理部门、上级领导人提出意见或建议，也可以向有关安全监督管理机关和主管部门提出检举与控告。

（4）拒绝违章指挥，拒绝强令冒险作业权。在生产经营活动中，因企业负责人或管理人员违章指挥和强令冒险作业而造成事故的现象，是比较常见的，如没有上岗证的指挥工人上岗工作，或指挥工人在安全防护措施设备有缺陷的条件下仍然指挥冒险作业的，大家有权利拒绝。这样不仅能够保护自身的安全，也可以约束企业负责人或管理人员不违章指挥，确保安全生产。企业不得因大家的上述行为，而有意的降低大家的工资、福利等待遇或解除订立的劳动合同。当然，员工在行使权力时，不能为了逃避工作，而对于正常的工作安排，故意找借口不服从指挥，这也是员工必须注意的。

（5）紧急情况下的停止作业和紧急撤退权。员工在工作过程中有可能会突然遇到直接危及人身安全的紧急状况，这时候，如果不停止作业或撤离作业场所，就会造成重大的人身伤亡事故。因此，员工发现这种情况时，有权利停止作业，或采取应急措施后，撤离作业场所。

员工在安全生产方面的义务如下：

（1）遵章守规，服从管理的义务。管理人员在日常工作中，要对员工进行监督检查，大家必须接受并服从，这是基本的要求。如果违反规定，轻则受到批评教育，重则会受到处分，造成重大事故构成犯罪的，还会受到刑事处罚。

（2）佩戴和使用安全防护用品的义务。劳动防护用品是在工作中保护大家健康的一种装备，只有正确地佩戴和使用，才能真正起到防护作用，如果不会使用，就应该及时地找安全员请他们给予指导和帮助，关于如何正确使用这些防护用品，将在后面内容详细讲解。

（3）接受培训，掌握安全生产技能的义务。员工的安全意识和安全技能的高低，直接关系到生产活动是否安全可靠，所以，在给大家进行培训的时候，大家应当自觉地，积极地参加。

（4）发现事故隐患及时报告的义务。在施工现场的施工活动中，因为产生动态变化，施工周期转化快，所以多处产生安全隐患，今天这里是护栏，明天可能就变成了一堵墙，有的时候，工作中防护措施会影响工作，需要暂时挪开，那么工作完成后，就应该及时恢复到安全状态。如果没有恢复，那么下一位员工看到后，就要及时报告，否则受到伤害的有可能就是自己的亲人、同乡。因此，在发现事故隐患或其他不安全因素的时候，必须及时向班组长安全员或安全管理部门汇报，从而防止和减少事故。当然，大家在汇报时应当实事求是，既不能夸大事实，也不能大事化小，以免影响对事故隐患或其他不安全因素的正确处置。

3. 安全生产中常用的术语

（1）五大伤害。五大伤害是指建筑工地上最常出现的五类安全事故，分别是高处坠落、物体打击、触电、机械伤害、塌方事故。

（2）三级教育。三级教育是指安全教育中的公司级教育、项目级教育和班组级教育。

（3）三违。三违是指违章指挥、违章作业、违反劳动纪律。违章指挥是指不遵守安全生产规程、制度和安全技术措施交底，或擅自更改这些条目的人，指令那些没有经过培训，没有"做工证"和没有特种作业操作证的工人上岗作业的，指挥工人在安全防护措施、设备有缺陷的条件下仍然冒险作业的，还有发现违章作业而不制止的行为。违章作业是指不遵守施工现场安全制度，进入施工现场不戴安全帽，高处作业不系安全带，不正确使用个人防护用品，擅自动用机电设备或拆改挪动设备设施，随意爬脚手架等行为。违反劳动纪律是指不遵守企业的各项劳动纪律，如不坚守岗位、乱串岗等行为。

（4）三宝。三宝是指建筑施工防护用的安全网，个人佩戴的安全帽和安全带。坚持正确使用佩戴可减少操作人员的伤亡事故，因此称为三宝。

（5）三不伤害。所谓三不伤害，是指在生产作业中不伤害自己，不伤害他人也不被其他人伤害。

（6）四不放过。四不放过是指事故原因没有查清楚不放过，事故责任人没有严肃处理不放过，广大职工没有受到教育不放过，防范措施没有落实不放过。

（7）四口。四口是指楼梯口、电梯口（垃圾口）、通道口、预留洞口。

（8）五临边。五临边是指尚未安装栏杆的阳台和卸料平台周边，无外架防护的层面周边，框架工程楼层周边，上下跑道及斜道的两侧边，深基坑周边。

4. 劳动保护用品的使用

概括来说，劳动防护用品是指安全帽、工作服、安全带、防滑鞋和其他保护用品。

（1）安全帽。进入施工现场必须戴好安全帽，安全帽是防榴弹型的设计，由国家指定工厂进行生产的合格产品。合格的安全帽是由帽壳、帽衬和帽带组成，正确佩戴安全帽要注意两点：一是帽衬和帽壳不能紧贴，要有一定间隙，顶部间隙为 20～50 mm，四周为 5～20 mm，当有东西落到安全帽壳上时，帽衬可起到缓冲作用，保护头部和颈椎，不能将帽衬摘下使用；二是必须系紧帽带，防止物体打击的多次重复降落而产生的事故。

（2）安全带。首先要使用合格的安全带，要注意检查安全带的使用年限，有些安全带放到潮湿的地方使用，已经过期了，因此要大家注意检查使用期、保持期，该报废就报废。安全带使用年限为 5 年，两年抽检一次，抽检时候用 80 kg 重物做下落试验，不断裂为合格。使用方法：高处作业人员，在无可靠安全防护措施时，必须系好安全带，安全带必须先挂牢再作业，不系安全带作业是违规的，安全带应当高挂低用，不准将绳打结使用，也不准将挂钩直接挂在安全绳上使用，应挂在连接环上使用。

（3）其他防护用品。凡直接从事带电作业的劳动者，必须穿绝缘鞋，戴绝缘手套防止发生触电事故。从事电气焊作业的电气焊工人，必须佩戴电气焊手套，穿绝缘鞋和使用护目镜及防护面罩，电焊作业产生弧光，戴上防护面罩和防护的长筒手套可以防止受伤。木工车间噪声大，可以戴上耳塞、棉团等。

5. 施工现场安全须知

施工现场安全须知是核心内容，可分为以下五个方面：

（1）施工人员的一般行为规范。凡是进入施工现场的人员，都面临着一定的危险。

1）进入施工现场前必须经过安全教育。在入场前每个工人都必须经过安全教育，每天各班组长还要针对当天的工作内容作安全交底，这样能够使每个人对当天的工作内容及可能出现的安全隐患都有充分地了解，遇到紧急情况的时候，知道该如何应对，糊里糊涂的下工地对自己和他人都是很危险的。

2）严禁酒后上班。酒能刺激、麻醉人的神经，使人的反应迟钝，酒后进场工作容易出现动作失稳，操作失误，导致事故的发生，所以要求在上班前和工作时不能喝酒，这和严禁酒后开车是一个道理。

3）严禁穿拖鞋或光脚进入施工现场。进场工作不能图凉快、方便，穿着拖鞋或干脆光脚干活，工地上不是钢丝、钢筋就是焊渣、混凝土块，一不小心就会被扎伤、烫伤，所以要穿防扎、防滑鞋，电工还要穿绝缘鞋进场工作。

4）必须佩戴安全帽。进入施工现场必须佩戴安全帽，佩戴之前还要记住检查安全帽是不是有损伤，坏了的要及时更换，绝不能因为天气热或怕麻烦就把安全帽摘下来，在这方面已经有了很多血的教训。

5）现场施工时必须走安全通道。在现场施工的时候都要走安全通道，安全通道顾名思义就是说在这些地方行走是相对安全的，如施工现场经常有人员走过，而施工过程有可能对人员构成威胁的地方，都支搭了防护棚，以确保人身安全，所以提醒大家不要图省事，行走的时候不要盲目走近道，更不要掀网、钻网，不要为了一时的方便，给自己和家人带来永远的痛苦。

6）不随意进入危险场所或触摸非本人操作的设备。进场后每个人都要坚守自己的岗位，不串岗，不随便进入自己不熟悉的场所，更不能乱摸乱动非本人操作的设备、电闸、阀门、开关等，有特殊情况要向领导请示，千万不要逞能，觉得自己什么都行，真正出了事故，后悔都来不及。

7）严禁随意拆除防护设施及安全标志。没经过工地负责人的批准，谁都不能随意拆除或毁坏安全防护措施，如护栏、拉杆、栏杆、安全网、缆风绳、跳板、脚手架、支撑等，随意拆除其他人不注意就会发生事故，工地上有些危险地段、区域、道路、建筑、设备等处都有"禁止、警告、指令、提示"等标志牌。这些标志牌也是不能随便拆除、移动或损坏的。

8）工地上严禁吸烟。明火作业操作前，必须办理用火证。一定要注意在施工现场不要抽烟，因为现场有易燃易爆物品，稍有大意就会发生事故。另外，工地用火是受严格控制的，必须办理用火证，没有得到现场负责人的批准，谁都不能使用明火，得到了批准也必须有专人看火，并采取相应的防火措施，以免发生事故。

9）施工现场行走，上下五不准。一不准从正在起吊、运吊的物件下通过，拆除作业时不准在拆除区乱穿；二不准在作业层追跑打闹；三不准在没有防护的外墙或外壁板等建筑物上行走；四不准站在小推车等不稳定的物体上进行作业；五不准攀登起重臂、绳索、脚手架、井字架和龙门架。

（2）高处作业的安全须知。

1）高处作业人员及工作环境的基本要求。未成年人或患有心脏病、高血压、低血压、贫血、癫痫病及其他不适于高空作业的人员，不得从事高处作业。从事高处作业的人员作业时，不要穿不灵便的衣服，并且要穿防滑鞋，目的是在工作时不被刮倒、不打滑，防止高处坠落事故。当遇到 6 级以上的强风、大雨、大雪、大雾等天气时，禁止露天高处作业。

2）高处作业对物料处理及工具使用的要求。高处作业时，交叉作业比较多，随意抛掷的工具和丢弃的废料很容易造成物体打击事故，导致伤害他人。因此，高处作业的工具要放入工具袋，拆卸下来的物件、废料要及时清理运走，不得随处堆置丢弃，传递物件时禁止抛掷，尤其在安装或更换玻璃的时候，要有防止玻璃坠落的措施，严禁向下乱扔碎玻璃，像工具、物料、灰渣、碎玻璃等物品虽然体积小重量轻，但是从高处掉落下来，还是能造成很大的人身伤害。

3）高处作业防护用品的使用要求。高处作业人员在无可靠安全防护设施时，必须系好安全带，如果不具备挂安全带的条件，应设置挂安全带的安全挂绳或安全挂杆。

（3）搬运、堆放物品的安全须知。在做搬运工作前，首先要穿戴好规定的劳动保护用品，然后检查搬运工具是否完整和安全可靠。搬运时使用的工具、构件一定要放平、放稳、防止滑动或滚动，绝对不允许竖立，以防止倒下发生伤人或砸坏设备等事故。如果是多人一起操作，须由一个人统一指挥，步调一致，紧密配合。在堆积物品时，要稳固、整齐，堆放高度不能超过规定的高度以防止倒塌。在车辆通行的道路上不得放置物件或堆积杂物，以保持道路畅通，对危险物品要按标准装卸，以免造成事故。

（4）建筑用梯使用安全须知。外用电梯必须由专人操作，等候外用电梯时，严禁将身体的任何部位伸进电梯运行占用的空间，不得随同运料的吊篮、吊盘及吊装物上下，井架吊篮禁止乘人。

（5）生活区安全须知。施工人员都吃住在工地上，在用火、用电、饮食卫生等方面都存在着安全隐患，因此，这部分的内容也不容忽视，它是安全生产文明施工的一部分。

1）生活区卫生要求。首先要保证环境整洁，说具体点就是被褥叠放整齐，污水不乱泼乱倒，衣服要勤洗勤换，保持室外环境整洁等。实际生活中最常见的问题就是乱放洁具设备，有的房间将脏衣服、脏鞋、脏袜子随地乱扔，造成空气浑浊，因此要注意通风，注意个人卫生。

2）生活区严禁私接、乱接电线。在宿舍里面严禁私接乱拉电线，不得随意安装炉具，电线老化容易触电伤人，一旦短路，就可能发生火灾，这些都是安全隐患，所以大家要严格遵守。

3）严禁躺在床上吸烟。宿舍里最大的杀手就是吸烟，好多人都是老烟民，白天体力消耗大，越累越想吸烟，抽着抽着就睡着了，烟头掉到被子上，一点一点地印在棉花里，刚开始不燃烧，一旦烧着了就四处起火，扑救都来不及了，一定要特别注意。

4）严禁赌博。出门在外不容易，不要因为赌博把辛辛苦苦赚来的钱都输了，要坚决制止工地现场的赌博行为。

6. 现场急救知识

现场急救是指施工现场一旦发生事故时，伤员送往医院救治前，在现场实施必要和及时的抢救措施。总的原则是，无论工地发生了什么样的伤亡事故，都应该立即做好三件事：有组织地抢救受伤人员，以救人为主；保护事故现场不被破坏；及时向上级有关部门报告，打急救电话120。

（1）高处坠落。如果有人从高处坠落，要特别注意千万不要随意的抬起伤员，因为伤员的内伤及骨折部位不容易被发现，只有等到专业医生赶到现场，才能诊断并采取正确的急救措施，大家一定要避免由于不正确的抬运，使骨折错位造成二次伤害。

（2）触电后的现场应急知识。首先应该尽快切断电源，触电者早一秒脱离电源，就会多一分生还的希望，在不便于切断电源的情况下，可用干燥的木棍、竹竿、绳索、衣服、塑料制品等将触电者与电源线隔开，或者插入触电者身下，使触电者与大地绝缘，但必须注意触电者身体是带电的，抢救者绝对不能站在地上直接接触触电者。另外，还要注意防止触电者脱离电源后可能造成的摔伤，触电者脱离电源后，应尽快在现场不间断的做人工呼吸，并按压心脏，不要干等医务人员，更不要不经抢救直接送医院。

（3）发生火灾后的现场应急知识。一般的火灾可以用消防器材，用水灭火，但要特别注意的是，电火、油火是有区分的，如果是电火就不能用水和泡沫灭火器灭火了，第一步先要切断电源，然后立刻用沙土、二氧化碳或干粉灭火器进行灭火，火势较大无法控制时，需同时拨打"119"火灾急救电话求救，求救时要注意准确地说明发生事故的地点。总之火灾发生时千万不要惊慌失措，要在现场紧急处理的同时，报告项目部同时向外求援，尽量将火灾的损失降到最低。

（4）发生煤气中毒后的现场应急知识。发现有人煤气中毒时，要迅速打开门窗通风，使空气流通，将中毒者穿暖后抬到室外，实行现场急救并送医院。

（5）人员中暑后的现场应急知识。中暑是指高温环境作业发生的一种急性疾病，发生中暑的原因是通风散热不良，使人体热量得不到适当散发或由于出汗过多，人体损失大量钠盐和水分而引起的。发生中暑后应按如下顺序救护，迅速将中暑者移到凉爽通风的地方，脱去或解松衣服，使患者平卧休息，给患者喝含食盐的饮料或凉开水，用凉水或酒精擦身，发生痉挛、持续高烧及昏迷者应立即送往医院。

（6）食物中毒。发现饭后多人呕吐、腹泻等不正常状况，要报告工地负责人并拨打急救电话120。

7. 施工现场文明生产施工方案

（1）进入施工现场的所有人员，必须佩戴合格安全帽，佩戴工作证，衣冠整洁，不准赤脚，不准穿拖鞋，不光背赤膊，注意个人形象。不得违反安全禁令。

（2）禁止在"严禁烟火"区内吸烟，爱护消防器材，不得随意挪用。

（3）机械设备必须专人操作，不得随意抽人临时操作。

（4）坚持现场文明施工，做到工完料清，不造成人为的浪费。

（5）讲文明，尊敬上级，团结同志，不说脏话、粗话、不打架、不酗酒闹事。

（6）遵守项目经理部多项规章制度，按照作息规定时间上下班，按时休息。

（7）讲究卫生勤打扫厨房、宿舍、环境、个人卫生，维护公共卫生，不乱扔杂物，不随地吐痰，不随地大小便，不乱泼脏水和乱倒剩菜剩饭。

（8）爱护公共财物，不损坏生产、生活设施；不随意乱涂乱画，节约用水和用电。

（9）多做好事、善事，敢于向不良倾向作斗争，检举揭发坏人坏事。

任务 实训

1. 安全体验区设置目的是什么？

_____

_____

_____

_____

2. 安全体验区设置、体验标准是什么？

_____

_____

_____

_____

_____

3. 建筑行业的特点有哪些？

_____

_____

_____

_____

_____

4. 根据《中华人民共和国安全生产法》，员工享有哪些权利？

_____

_____

_____

_____

_____

5. 什么是五大伤害？

_____

_____

_____

_____

6. 学习心得及总结：

_____

_____

_____

_____

_____

项目小结

1. 在本项目中，首先需要对施工总平面布置的重要性有所认识，理解其是施工组织设计的重要组成部分。在实际操作中，需要针对工程项目进行详细的现场勘察，理解施工地点的特征和限制，以此作为布置的基础。

2. 布置的内容方面，需要考虑到施工过程中的各个元素，如施工设备、仓库、作业区、办公区、生活区等，并确保这些区域之间的交通顺畅和安全。同时，要合理利用施工场地，尽量减少对周围环境和生态的影响。

3. 施工总平面布置需要分阶段进行。例如，在房屋建筑总承包工程中，可以从基础工程、结构工程、装修工程等阶段分别进行布置，每个阶段有不同的重点和要求。同时，每个阶段都需要进行详细的规划和设计，确保满足施工的需求。

总的来说，施工总平面布置是施工过程中的重要环节，通过科学合理的布置，可以大大提高施工效率和质量，减少施工成本和安全隐患。在实际工作中，需要结合具体项目的特点和需求进行设计与调整，以实现最佳的施工效果。

测试

班级：＿＿＿＿＿＿＿　姓名：＿＿＿＿＿＿＿　成绩：＿＿＿＿＿＿＿

1. 单位工程施工平面图设计内容有哪些？（10分）

＿＿＿

＿＿＿

＿＿＿

2. 办公室现场道路的设计要求有哪些？（10分）

＿＿＿

＿＿＿

＿＿＿

3. 请简要描述现场临时用水布置原则。（10分）

＿＿＿

＿＿＿

＿＿＿

4. 请简要描述施工现场用水的管理规定。（10分）

5. 以房屋工程为例，施工现场的加工设施布置有哪些要求？（10分）

6. 施工现场电源方案在选择时应该重点考虑哪些方面？（10分）

7. 触电后的现场应急知识有哪些？（10分）

8. 固定式垂直运输机械（人货梯、井架）主要运输砌体、砂浆、装饰材料，布置时应考虑哪些方面？（10分）

9. 施工现场文明生产施工方案有哪些条款？（20分）

📖 总结

项目八

BIM 技术应用

案例导入

BIM 技术应用于珠澳口岸人工岛填海工程

珠澳口岸人工岛填海工程于 2009 年 12 月 15 日开工建设，人工岛东西宽 960 m、南北长 1 930 m，工程填海造地总面积近 220 万 m^2，珠澳口岸人工岛是港珠澳大桥项目最早开工的工程项目，也是港珠澳大桥项目中填海面积最大的人工岛工程。由于该项目工程体量大、工期紧、多标段、多单位、多专业交叉施工、协调难度大等特点，因此项目应用 BIM 技术进行建设。其中，港珠澳大桥珠海口岸工程施工总承包工程位于港珠澳大桥口岸人工岛东北，总建筑面积为 180 835 m^2，包括了交通中心和交通连廊两个部分。交通中心建筑面积为 142 433 m^2，地下 1 层，地上 4 层，建筑高度为 31.54 m；交通连廊建筑面积为 38 402 m^2，地下 1 层，地上 3 层，建筑高度为 29.05 m。

在港珠澳大桥珠海口岸工程项目建设中，土建技术应用方面采用三维可视化技术交底、进度计划 4D 模拟、纠偏与落实、方案模拟论证、复杂节点深化、砌体排砖深化等技术；机电技术应用方面采用辅助图纸会审、机电管综深化、指导现场施工并配合出图、综合支吊架等技术；钢结构技术应用方面采用钢结构精确建模、协调钢构件加工制作、钢构件吊拼装施工模拟等技术；综合技术应用方面采用各专业模型分类整合、模型碰撞检查、BIM 辅助场地布置、人员疏散应急逃生模拟、BIM 运维平台系统等技术。另外，在工程造价、质量安全等方面也应用了 BIM 技术。

最终，通过 BIM 技术的应用提前解决了土建、机电等各类碰撞问题 6 000 个，发现设计存在的问题 150 个，提交问题报告 142 个，问题报告均在施工前得到解决。机电优化设计运用 BIM 技术后从 4 个月缩短到 2 个月，节省一半的深化设计时间；工期方面运用 BIM 平台充分发挥其协调作用合理安排进度计划，提前 1 个月完工。应用 BIM 技术提前发现项目中土建、机电等问题，可以帮助提高工程项目的工作流程效率，有效缩短工期，减少不必要的浪费。

BIM 技术从根本上改变了传统工程项目工作方式和工作流程，提升了项目整体的管理效能和管理水平。以 BIM 技术推进建筑发展，节约能源，降低资源消耗和浪费，减少污染是建筑发展的方向和目的，是我国建筑发展的必由之路。

知识目标

1. 了解 BIM 技术的定义和特点；
2. 掌握 BIM 技术在施工方案中的应用；
3. 掌握 BIM 技术在进度计划中的应用；
4. 掌握智慧工地的定义和应用；
5. 了解虚拟施工的定义和应用。

教学要求

1. 能够利用 BIM 技术进行施工方案的选择；
2. 能够利用 BIM 技术进行工程项目进度管理；
2. 能够利用 BIM 技术进行三维场地布置。

重点难点

利用 BIM 技术对施工组织设计内容进行优化及进行施工过程管理。

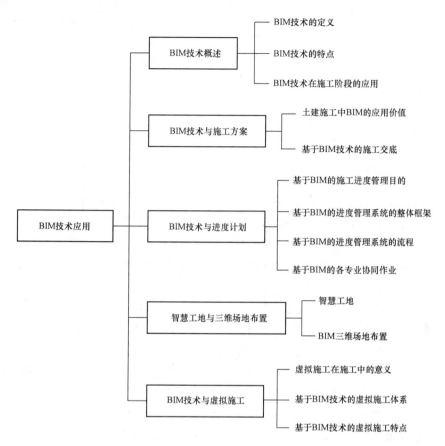

课件：BIM 技术应用

对于建筑工程而言，BIM 技术的出现使施工变得简单快捷，能够降低施工成本、简化施工程序、提高施工质量、缩短工期。同时，BIM 技术还可以将施工组织设计与施工管理紧密结合，合理协调劳动力和工作面资源，实现项目的动态精细化管理。本项目围绕施工组织设计的核心内容，在施工方案、进度计划、场地布置等方面将 BIM 技术的具体应用进行了初步总结。

任务一　BIM 技术概述

一、BIM 技术的定义

BIM（Building Information Modeling）技术是一种应用于工程设计、建造、管理的数据化工具。通过对建筑的数据化、信息化模型整合，在项目策划、运行和维护的全生命周期过程中进行共享和传递，使工程技术人员对各种建筑信息做出正确理解和高效应对，为设计团队及包括建筑、运营单位在内的各方建设主体提供协同工作的基础，在提高生产效率、节约成本和缩短工期方面发挥重要的作用。

2020 年 8 月 28 日，住房和城乡建设部、教育部、科技部、工业和信息化部等九部门联合印发《关于加快新型建筑工业化发展的若干意见》（以下简称《意见》）。《意见》提出，大力推广建筑信息模型（BIM）技术，加快推进 BIM 技术在新型建筑工业化全寿命期的一体化集成应用。充分利用社会资源，共同建立、维护基于 BIM 技术的标准化部品部件库，实现设计、采购、生产、建造、交付、运行维护等阶段的信息互联互通和交互共享。试点推进 BIM 报建审批和施工图 BIM 审图模式，推进与城市信息模型（CIM）平台的融通联动，提高信息化监管能力，提高建筑行业全产业链资源配置效率。

二、BIM 技术的特点

BIM 技术特点主要包括可视化、协调性、模拟性、优化性和可出图性。

1. 可视化

可视化是指所见即所得。项目设计、建造、运营过程中的沟通、讨论、决策都在可视化的状态下进行。如图 8.1 所示为某地下室走廊。

图 8.1　某地下室走廊示意

2. 协调性

运用 BIM 技术可在建筑物建造前期对各专业的碰撞问题进行协调,生成协调数据,协调包括净空要求、设计布置等。如图 8.2 所示为某管道进行碰撞试验。

图 8.2　某管道进行碰撞试验

3. 模拟性

BIM 可以对设计阶段、招标投标和施工阶段、后期运营阶段进行模拟试验,从而预知可能发生的各种情况,达到节约成本、提高工程质量的目的。其中,3D 的模拟包括能效、紧急疏散、日照、热能传导等;4D 的模拟可满足缩短工期及控制进度的要求;5D 的模拟可满足项目利益最大化。如图 8.3 所示为热能环境模拟分析。

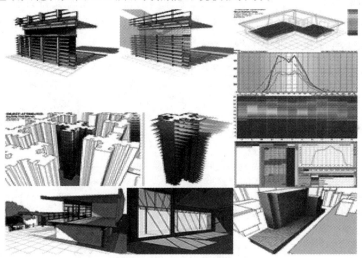

图 8.3　热能环境模拟分析

4. 优化性

优化性包括项目方案优化和特殊项目的设计优化等,通过优化能显著改进项目的工期和造价。

5. 可出图性

BIM 软件与 CAD 软件有着良好的兼容性,可将 CAD 图纸导入 BIM 软件或将 BIM 软件所做的 3D 建筑模型和 2D 平面图纸导入 CAD 中。

三、BIM 技术在施工阶段的应用

目前，BIM 技术在施工中的应用主要包括基于 BIM 的设计可视化展示、基于 BIM 的工程深化设计、基于 BIM 的专业协调与施工模拟、基于 BIM 的工程算量与造价管理，以及基础设施建设中常用的基于 BIM 的土方平衡计算等。施工阶段运用 BIM 技术的主要优势有以下几点：

（1）施工组织设计可以在设计阶段 BIM 模型的基础上，根据场地模型将二维的进度计划导入模型中，即可展示模拟的动态四维施工组织与施工进度；同时，可以分阶段、分专业统计主要材料的工程量，提出采购计划和资金使用计划。在建设项目开工之前，在 BIM 模型上进行演示，精确、直观地进行施工组织模拟，提前进行各种方案的模拟，分析问题并解决问题，避免现场施工过程中出现的交叉作业施工矛盾而带来的工期延误、投资浪费、质量安全风险隐患等，使管理者更好地掌控工程总体进度，实现项目设定的各项目标。

（2）设计深度不够是目前设计图纸存在的普遍问题。BIM 技术从建设项目微观角度出发，解决了这方面的问题。BIM 模型中包含项目的重要信息，既能导出施工图，又能导出局部构件的加工图和安装定位图。BIM 技术可以做出详细的施工管线综合排布，做到精确地定位预留孔洞，较好地解决了现场精细化施工问题。

（3）针对装配式建筑、绿色建筑要求，可以通过 BIM 模型进行分析、优化。在施工模拟中，可以可视化地将工程进度计划融入模型，更加直观地控制好工程进度。另外，还可以进行总工程量和分阶段、分专业工程量的统计，根据计划及时安排好材料采购计划，对投资进行精细化管理，避免各种浪费。对于施工的重点和难点，提前在模型上进行施工模拟，更好地控制工程质量和保证工程安全。

任务实训

1. 简述 BIM 技术的特点。

_____

_____

2. 简述施工阶段运用 BIM 技术的主要优势。

_____

_____

3. 学习心得及总结：

_____

_____

_____

_____

任务二　BIM 技术与施工方案

一、土建施工中 BIM 的应用价值

施工方案是工程项目施工组织设计的核心，施工方案选择是否合理，直接影响到施工进度计划，还关系到项目的施工安全、施工质量及经济效益。施工方案是单位工程施工组织设计中的战术性决策意见，通常在多个初步施工方案基础上筛选优化后确定。例如：某现浇钢筋混凝土框架的施工，可以列举出若干种施工方案，对这些施工方案耗用的人工、材料、机械、费用及工期等在合理组织的条件下，进行技术经济分析，从中选择最优方案。施工方案的选择主要考虑施工工序、施工工艺、施工机械等一系列动态因素的影响。

在土建施工中，最能体现 BIM 应用价值的是专业协调。专业协调越早，对项目成本和计划的潜在影响越大。在开始施工之前，利用 BIM 技术能够看到建筑构件之间的关系，允许更早准备材料采购，更早进行设备车间加工及确定每个专业工作位置。避免与其他专业冲突，从而节约成本、缩短工期。可视化也是 BIM 技术在土建施工中的重要应用，传统技术手段无法直观展现建筑全景，而以 BIM 模型为基础，在虚拟的空间进行模型漫游，可以直观展示任意位置。这样，可以比较全面地评估任意位置景观的可视度，从而为项目的整体评估提供全面、科学的依据。

利用 BIM 技术进行施工方案选择的步骤：首先利用三维建模软件创建模型，之后编制详细的施工进度计划，制订出施工方案。按照已制订的施工进度计划，结合 BIM 仿真优化工具来实现施工过程三维模拟。然后通过对施工全过程或关键过程的模拟，验证施工方案的可行性，以此指导施工并制订出最佳的施工方案。

二、基于 BIM 技术的施工交底

对于传统的 CAD 图纸，复杂部位难以表达清楚，施工人员需要结合多张图纸领会设计意图，再传达给建筑工人，其中专业术语和施工步骤对于工人来说难以完全领会，技术交底过程通常会出现信息传达有误的情况。运用 BIM 技术，可以建立复杂部位的三维模型，提前对复杂部位进行动态展示，可多视角清晰地识别复杂部位的结构，为技术交底提供虚拟现实信息。基于 BIM 技术的复杂部位技术交底的步骤如下：

（1）布置技术交底方案的编制工作；

（2）项目部编制技术交底方案；

（3）BIM 工作组编制 BIM 技术交底方案；

（4）BIM 负责人审批；

（5）BIM 技术交底会议；

（6）下达 BIM 技术交底方案。

施工人员阅读图纸时，应重点掌握基础及地下室、主体结构、装修、设备安装工程、人防工程、消防工程、建筑智能等内容。

1. 基础及地下室

核对建筑、结构、设备施工图中关于基础留口、留洞的位置及标高的相互关系是否处理恰当。排水及下水的去向，变形缝及人防出口做法，防水体系的做法要求，特殊基础形式做法等。

2. 主体结构

明确建筑物墙体轴线的布置，主体结构各层的砖、砂浆、混凝土构件的强度等级有无变化。墙、柱与轴线的关系，梁、柱的配筋及节点做法，悬挑结构的锚固要求，阳台、雨篷、挑檐的细部做法。楼梯间的构造，卫生间的构造，设备图和土建图上洞口尺寸及位置的关系，对标准图有无特别说明和规定等。

3. 装修

明确有几种不同的材料、做法及其标准图说明，地面装修与工程结构施工的关系，变形缝的做法及防水处理的特殊要求，防火、保温、隔热、防尘、高级装修等的类型和技术要求。

4. 设备安装工程

明确设备安装工程各管线型号、规格及布置走向，各安装专业管线之间是否存在交叉和矛盾，建筑设备的型号、规格、尺寸是否正确，设备的位置及预埋件做法与土建是否存在矛盾。

5. 人防工程

明确人防设计等级、人防设施的布置要求，暂时封堵的预埋件设置位置。

6. 消防工程

明确建筑物防火分区和消防设施型号及做法，消防通道的要求。

7. 建筑智能

明确建筑智能控制的对象、控制要求，所选用的设备及控制线路布置的合理性。

任务实训

1. 如何利用 BIM 技术进行施工方案选择？

_____

_____

2. 写出基于 BIM 技术的复杂部位技术交底步骤。

_____

_____

3. 学习心得及总结：

_____

_____

任务三　BIM 技术与进度计划

一、基于 BIM 的施工进度管理目的

进度是项目管理中最重要的一个因素。进度管理就是为了保证项目按期完成、实现预期目标而提出的，它采用科学的方法确定项目的进度目标，编制进度计划和资源供应计划，进行进度控制，在与质量目标、费用目标相互协调的基础上实现工期目标。

BIM4D 代表施工进度管理，可形象化展示工程进度，实时模拟项目按计划进行施工情况，及时了解和管控项目进程。基于 BIM 的 4D 虚拟建造技术，是将设计阶段所完成的 3D 建筑信息模型附加以时间的维度构成 4D 模拟动画，通过在计算机上建立模型并借助于各种可视化设备对项目进行虚拟描述。其主要目的是按照工程项目的施工计划模拟现实的建造过程，在虚拟的环境下发现施工过程中可能存在的问题和风险，并针对问题对模型和计划进行调整和修改，优化施工计划。施工过程中即使发生了设计变更、施工图更改等情况，也可以快速地对进度计划进行自动同步修改。另外，在项目评标阶段，三维模型和虚拟动画可以使评标专家直观地了解投标单位对工程施工资源的安排及主要的施工方法、总体计划等。

二、基于 BIM 的进度管理系统的整体框架

基于 BIM 的进度管理系统依赖的 BIM 信息平台可划分为三大子系统，分别是信息采集系统、信息组织系统、信息处理系统。信息采集系统负责自动采集来自业主方、设计方、施工方、供应商，以及其他项目参与方有关项目的类型信息、材料信息、几何信息、功能构件信息、工程量信息、建造过程信息、运行维护信息、其他属性信息等项目全寿命周期内的一切信息；信息组织系统在此基础上进一步进行构建，它按照特定规则、行业标准和实际应用需要，对信息采集系统采集的信息进行编码、归类、存储、建模；信息处理系统则是利用信息组织系统内标准化和结构化的信息，在项目全寿命周期内为项目各参与方提供施工过程模拟、成本管理、场地管理、运营管理、资源管理等各方面支持。信息采集系统、信息组织系统、信息处理系统三者之间是一种层层递进的关系，前者是后者的基础。

三、基于 BIM 的进度管理系统的流程

1. 总进度计划

总进度计划的建立是整个流程的开始，在这个阶段总进度计划编制中，利用从 BIM 数据库中获取的相关资料进行研究，尽量把握各单位的实施情况，编制一系列高层级的活动和工作包，确定开始和完成时间，完成对主要设备和空间等资源的高层次分配。这些工作都可以由现有的进度计划工具（如网络图、横道图等）完成。

2. 二级进度计划

二级进度计划的制订可以按照以下顺序进行：首先用 WBS 的分解模式将高层次的活动

分解为较小的、更容易控制的工作包；然后以活动间联系的形式定义逻辑和工序，计算工程量、劳动量和机械台班数，确定持续时间；最后利用编制项目进度计划的相关软件生成施工进度计划，分配设备和物料。

总进度计划和二级进度计划应该由总承包单位和主要的分包单位共同制订，这两步可以参照传统的进度计划编制方法。通过 BIM 界面获取 BIM 数据库中的建筑数据信息、其他属性信息等项目全寿命周期内的一切信息。

四、基于 BIM 的各专业协同作业

基于 BIM 的 4D 虚拟建造技术可以更方便了解工程建设各专业之间的协同作业。BIM 模型是分专业进行设计的，各专业模型建立完成以后可以进行模型的空间整合，将各专业的模型整合成为一个完整的建筑模型。BIM 技术可以通过碰撞检查等方式检测出各专业模型在空间位置上存在的交叉和碰撞，从而指导设计师进行模型修改，避免因为模型的空间碰撞而影响各专业之间的协同作业，影响项目的进度。

任务 实训

1. 什么是 BIM4D？

_____

_____

_____

_____

2. 写出信息处理系统的作用。

_____

_____

_____

3. 学习心得及总结：

_____

_____

_____

_____

_____

_____

任务四　智慧工地与三维场地布置

一、智慧工地

1. 智慧工地原理

智慧工地是一种新兴的建筑行业工程管理理念，其主要的特点就是融入现代信息技术手段以助力建筑施工安全。智慧工地将人工智能、传感技术、虚拟现实等技术植入到建筑、机械、人员穿戴设施、场地进出关口等各类物体中，并且物体间被普遍互联，形成"物联网"，再与"互联网"整合在一起，实现工程管理人员与工程施工现场的整合。智慧工地可全面地对现场施工过程中产生的数据进行采集和汇总，通过数据的相关平台，呈现出监测和管理的结果。再将结果发送给各个部门，方便工程管理人员在实际的工作中对施工进度整体的安全情况、环境等方面进行检查，及时有效地发现其中存在的问题。随着智能技术发展，特别是互联网、物联网和数字技术加速应用，推进智慧工地建设已成为加快建造方式转型升级的突破口和着力点，助力建筑业高质量发展的重要路径，实现工程质量安全生产治理体系与能力现代化的重要方法。

2. 智慧工地特点

智慧工地是城市现代化建设的一项较为创新的项目，它立足于"互联网＋"，利用大数据、云计算等技术，对施工现场的人、机、料、法、环等资源进行集中管理，利用人员信息库、智能设备信息、项目信息库等，使施工现场的项目管理可视化。施工方面包括人脸识别、烟火识别、安全帽识别、工地工人行为分析等应用；管理方面包括施工进度、物料消耗、薪资结算、人员定位等应用。智慧工地是对施工现场全方位的一个实时监管，它通过技术手段改变了传统现场参建各方的交互方式、工作模式与管理模式，并能持续改进项目进度，实现企业效益的最大化。智慧工地特点包括高效性、数字平台化、应用集成化。

（1）高效性：智慧工地管理系统以工地生产活动为基础，真正实现工程施工阶段与信息技术的高度整合，提供专业的管理和决策支持，有效解决工地的业务问题。

（2）数字平台化：智慧工地管理系统对工地进行全要素、全过程数字管理，构建虚拟数字空间，与实体有机结合，形成映射关系，积累大量数据信息资源。通过深入分析数据结果，有效解决项目建设中的管理和技术问题。

（3）应用集成化：智慧工地管理系统将各种信息技术集成应用，促进资源优化配置，满足工程建设的需要，确保信息管理系统的可行性和有效性。

3. 智慧工地建设意义

建设智慧工地在实现绿色建造，引领信息技术应用，提升社会综合竞争力等方面具有重要的意义。智慧工地的应运而生将智慧理念完美地应用在各种施工工程领域中。相比传统工地施工环境来说，智慧工地的安全性会更高，在施工现场管控方面也有更好的优势，不仅可以更好地促进各方面工作联合管理，还能有效地降低运营管理成本。

4. 智慧工地技术支撑

智慧工地技术包括 BIM 技术、可视化技术、3S 技术、数字化施工系统、物联网、云计算、信息管理平台等技术。BIM 技术具有空间定位和记录数据的能力，将其应用于运营维护管理系统，可以快速准确定位建筑设备组件；可视化技术能够把科学数据，包括测量获得的数值、现场采集的图像或计算中涉及、产生的数字信息变为直观的，以图形图像信息表示的，随时间和空间变化的物理现象或物理量呈现在管理者面前，使他们能够观察、模拟和计算，该技术是智慧工地能够实现三维展现的前提；3S 技术是遥感技术、地理信息系统和全球定位系统的统称，是智慧工地成果的集中展示平台；数字化施工系统是指依托建立数字化地理基础平台、地理信息系统等基础平台，整合工地信息资源，建立一个开放的信息环境，使工程建设项目的各参与方更有效地进行实时信息交流，利用 BIM 模型成果进行数字化施工管理；物联网通过智能感知、识别等技术，广泛应用于网络的融合中，将物品与物品之间进行信息交换与通信；云计算技术是通过网络将多个成本相对较低的计算实体，整合成一个具有强大计算能力的完美系统，并将这些强大的计算能力分布到终端用户中，是解决 BIM 大数据传输及处理的最佳技术手段；信息管理平台技术的主要目的是整合现有管理信息系统，充分利用 BIM 模型中的数据来进行管理交互，以便使工程建设备各参与方都可以在统一的平台上协同工作。

二、BIM 三维场地布置

1. BIM 三维场地布置的意义

施工现场布置图设计是单位工程开工前重要的准备工作之一，是安排布置施工现场的基本依据，是顺利进行施工的重要条件，也是施工现场文明施工的重要保证。运用 BIM 技术对施工各阶段的场地地形、既有设施、周边环境、施工区域、临时道路及设施、加工区域、材料堆场、临水临电、施工机械、安全文明施工设施等进行规划布置和分析优化，使场地布置更加科学合理。与传统二维场地布置图纸相比，三维场地布置表达更加直观。图 8.4 所示为三维场地布置图。

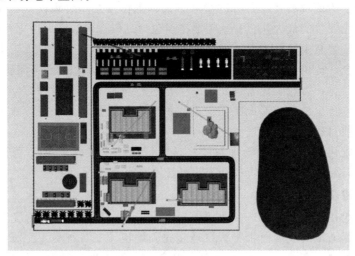

图 8.4　三维场地布置图

2. BIM 三维场地布置的特点

（1）绘制更快速。软件可导入多种模型文件（CAD、3Dmax、GCL），快速生成模型；

内嵌了三维构建模型库，拖拽即实现绘制；放置 CAD 图节约绘制时间。

（2）方案更合理。内嵌多种规范，为场地布置提供参考依据，提供所需的施工各阶段规划图、细部构造详图、临水临电方案等。

（3）操作更智能。在场地布置绘制中提供构件的合理位置和尺寸的建议，减少二维绘制出错的风险。

（4）出图更美观。三维场地布置模型出图均为矢量模型或高清模型，并提供贴图功能，直观的画面让汇报和交底更加轻松。

3. 三维场布软件绘制流程

三维场布软件绘制流程如图 8.5 所示。

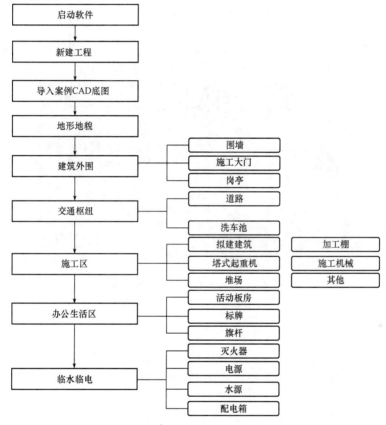

图 8.5　三维场布软件绘制流程

施工区场地布置应包含垂直运输设施，建筑施工垂直运输设施通常采用塔式起重机和施工电梯。塔式起重机是建筑工地上最常用的一种起重设备，可逐节顶升接长，是用来吊起施工原材料的设备。施工电梯是建筑中常用的载人载货施工机械，它根据建筑物外形，将导轨架倾斜安装，而吊笼保持水平，沿倾斜导轨架上下运行。施工区临时堆场的用途是堆放各种施工用材料，三维场地布置中的堆场主要可分为脚手架堆场、模板堆场、钢筋堆场、型钢堆场、机电材料堆场、钢板墙堆场、砌块堆场、木材堆场、皮料堆场、幕墙材料堆场、装饰材料堆场、周转材料堆场、砾石碎石堆场、砂堆、渣土堆场等。施工区三维场地布置如图 8.6 所示。

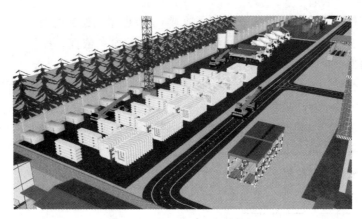

图 8.6　施工区三维场地布置

办公生活区场地布置应设置临时建筑，包括办公室、宿舍、厕所等，环境布置包括旗杆、标牌、草坪、树林等。办公生活区三维场地布置如图 8.7 所示。

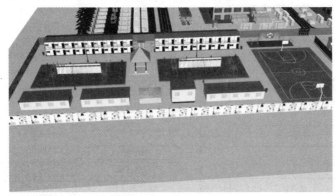

图 8.7　办公生活区三维场地布置

任务实训

1. 什么是智慧工地？智慧工地的技术支撑有哪些？

_____

_____

2. 进行三维场地布置的优势有哪些？

_____

_____

3. 学习心得及总结：

_____

_____

任务五   BIM 技术与虚拟施工

一、虚拟施工在施工中的意义

虚拟施工是指通过计算机软件模拟实际施工过程。它采用计算机仿真与虚拟现实技术，在高性能计算机的支持下，综合整理施工活动中的人工、材料、物流、设备等多方面的信息参数，将所有的信息参数转化为计算机数据，并将这些数据化的信息可视化展现。在实际工程施工前进行虚拟施工，一方面可以形象地表达出目前的施工状态和施工方法，有利于现场技术人员对整个工序的把握；另一方面可以预先发现施工中可能出现的问题，以此制订有效的方案或提前采取预防措施，从而达到项目施工过程可控的目的。通过虚拟施工技术，业主、设计单位和施工单位在策划、设计和施工之前能够提前了解施工的过程与结果。

虚拟施工是 BIM 技术在施工过程中的一项重要应用，它解决了传统施工过程中的诸多问题。通过对施工全过程或关键过程进行模拟，可以验证施工方案的可行性，用于指导施工和制订出最佳的施工方案，加强施工可控性管理，提高工程质量，保证施工安全。

二、基于 BIM 技术的虚拟施工体系

基于 BIM 的虚拟施工体系包括建立建筑结构三维模型，搭建虚拟施工环境，定义建筑构件的先后顺序，对施工过程进行虚拟仿真，管线综合碰撞检测以及最优方案判定等不同阶段。同时也涉及了建筑、结构、水暖电、安装、装饰等不同专业、不同人员之间的信息共享和协同工作。基于 BIM 技术的施工方案模拟流程如图 8.8 所示。

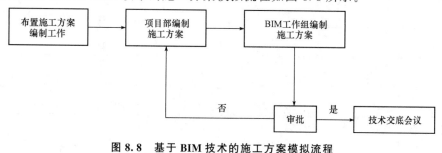

图 8.8　基于 BIM 技术的施工方案模拟流程

三、基于 BIM 技术的虚拟施工特点

基于 BIM 技术的虚拟施工是实际工程在虚拟环境下的展现，结构的模型参数和施工过程均与实际建造过程相同。基于 BIM 技术的虚拟施工主要有以下特点。

1. 高集成性

在计算机提供的系统平台内对复杂结构的施工方案进行设计，将三维设计施工图纸进行直观展示。工程技术人员可就施工过程中出现的问题对方案进行修改、优化。

2. 数据全面性

通过虚拟施工系统平台，能够快速建立参数化的三维模型。模型中包含丰富的信息，如构件的尺寸、生产厂家等。

3. 协作共享性

通过模拟施工平台可以实现各专业不同部门、不同工作人员之间的协同工作模式，该协同工作模式方便各方的交流。平台内的信息共享取代了传统的传递式的信息互换，节省了文件生成传递的时间，提高了工作效率。

任务 实训

1. 什么是虚拟施工？

_____

_____

_____

_____

2. 简述虚拟施工的优点。

_____

_____

_____

_____

3. 学习心得及总结：

_____

_____

_____

_____

_____

本项目介绍了 BIM 技术在施工组织设计中的应用。

（1）BIM 技术是一种应用于工程设计、建造、管理的数据化工具。其主要特点包括可视化、协调性、模拟性、优化性、可出图性。BIM 技术在施工中的应用主要包括设计可视化展示、工程深化设计、专业协调与施工模拟、工程算量与造价管理等。

（2）利用 BIM 技术进行施工方案选择，首先创建三维模型，编制详细的施工进度计划，制订出施工方案；然后按照已制订的施工进度计划，结合 BIM 技术实现施工过程三维模拟；接着通过对施工全过程或关键过程的模拟，验证施工方案的可行性；最后通过方案比选得到最佳的施工方案。

（3）智慧工地是一种新兴的建筑行业工程管理理念，融入了现代信息技术手段以助力建筑施工安全。智慧工地特点包括高效性、数字平台化、应用集成化。智慧工地技术包括 BIM 技术、可视化技术、3S 技术、数字化施工系统、物联网、云计算、信息管理平台等技术。

测试

班级：_____　姓名：_____　成绩：_____

1. BIM 技术的可视化特点是指什么？（10 分）

_____

_____

2. 如何利用 BIM 技术进行各专业协调作业？（10 分）

_____

_____

3. 施工人员阅读图纸时，建筑智能的内容有哪些？（10 分）

_____

_____

4. 基于 BIM 的进度管理系统中的信息平台包括哪几个子系统？其中信息采集系统的作用是什么？（15 分）

_____

_____

5. 智慧工地的特点有哪些？并简单进行说明。（15 分）

_____

_____

6. 智慧工地的建设意义有哪些？（10分）

_____

_____

7. 运用三维场布软件进行场地布置的特点有哪些？试画出三维场布软件绘制流程图。（20分）

_____

_____

8. 试画出基于 BIM 技术的施工方案模拟流程图。（10分）

📖 总结

_____

_____

_____

_____

项目九

装配式建筑施工组织设计的应用

 案例导入

施工组织设计也要"转型"

20世纪80年代，人类提出可持续发展理念。党的十五大明确提出中国现代化建设必须实施可持续发展战略。党的十八大提出了"推进绿色发展、循环发展、低碳发展"和"建设美丽中国"的战略目标，面对来自建筑节能环保方面的更大挑战，2013年国家启动《绿色建筑行动方案》，在政策层面导向上表明了要大力发展节能、环保、低碳的绿色建筑。

2017年4月，住房和城乡建设部印发了《建筑业发展"十三五"规划》（以下简称《规划》），阐明"十三五"时期建筑业发展战略意图，明确发展目标和主要任务，推进建筑业持续健康发展。《规划》强调要推动建筑产业现代化，推广智能和装配式建筑；提高建筑节能水平，推广建筑节能技术，推进绿色建筑规模化发展。

因此，在建设工程活动中，施工组织设计文件的编制内容和所论证的进度目标、质量目标、成本目标、施工工艺、施工部署、施工现场平面布置也和过去的施工组织设计文件编制时有了很多的不同。

 知识目标

1. 了解装配式建筑施工组织设计大纲编制的要点及要求；
2. 熟悉装配式建筑施工的主要工艺流程和总体工期筹划；
3. 了解装配式建筑施工组织设计编制与传统建筑施工组织设计编制的区别；
4. 了解装配式建筑现场施工管理的特点及要求。

教学要求

1. 能够熟悉装配式建筑施工组织设计编制流程和方法；
2. 能够协助工程技术人员编制装配式建筑施工组织设计。

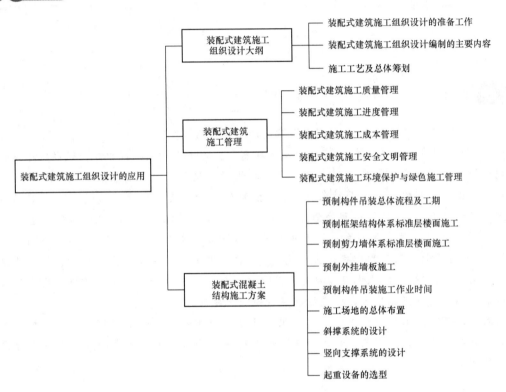

重点难点

装配式建筑施工的主要工艺流程和总体工期筹划，装配式建筑现场施工管理的特点及要求。

思维导图

装配式建筑施工组织设计的应用

- 装配式建筑施工组织设计大纲
  - 装配式建筑施工组织设计的准备工作
  - 装配式建筑施工组织设计编制的主要内容
  - 施工工艺及总体筹划
- 装配式建筑施工管理
  - 装配式建筑施工质量管理
  - 装配式建筑施工进度管理
  - 装配式建筑施工成本管理
  - 装配式建筑施工安全文明管理
  - 装配式建筑施工环境保护与绿色施工管理
- 装配式混凝土结构施工方案
  - 预制构件吊装总体流程及工期
  - 预制框架结构体系标准层楼面施工
  - 预制剪力墙体系标准层楼面施工
  - 预制外挂墙板施工
  - 预制构件吊装施工作业时间
  - 施工场地的总体布置
  - 斜撑系统的设计
  - 竖向支撑系统的设计
  - 起重设备的选型

课件：装配式建筑施工组织设计的应用

装配式建筑施工组织设计的应用内容包括装配式混凝土结构的项目施工组织设计大纲和施工管理两大部分。在装配式建筑施工组织设计大纲中，全面介绍了装配式建筑施工组织设计需要包含的主要内容和要求，重点阐述了装配式建筑施工的主要工艺流程和施工工期总体筹划；在装配式建筑施工项目管理内容中，主要介绍了装配式建筑施工项目管理在施工实施工程中应明确的基本要点及要求，这有助于在编制装配式建筑施工组织设计时，明确项目的重难点，能够敏锐地发现项目独有的施工特点。

任务一 装配式建筑施工组织设计大纲

一、装配式建筑施工组织设计的准备工作

在编制施工组织设计大纲前，编制人员应仔细阅读设计单位提供的相关设计资料，正确理解设计图纸和设计说明所规定的结构性能与质量要求等相关内容，并结合构件制作和现场的施工条件及周边施工环境做好施工总体策划，制定施工总体目标。编制施工组织设计大纲时应重点围绕整个工程的规划和施工总体目标进行编制，并充分考虑装配式混凝土结构的工序工种繁多、各工种相互之间的配合要求高、传统施工和预制构件吊装施工作业交叉等特点。

二、装配式建筑施工组织设计编制的主要内容

在编制施工组织设计大纲时除应符合现行国家标准《建筑施工组织设计规范》（GB/T 50502—2009）的规定外，至少应包括以下几个方面的内容。

1. 工程概况

工程概况中除应包含传统施工工艺在内的项目建筑面积、结构单体数量、结构概况、建筑概况等内容外，还应详细说明本项目所采用的装配式建筑结构体系、预制率、预制构件种类、重量及分布，另外，还应说明本项目应达到的安全和质量的管理目标等相关内容。

2. 施工管理体制

施工单位应根据工程发包时约定的承包模式，如施工总承包模式、设计施工总承包模式、装配式建筑专业承包等不同的模式进行组织管理，建立组织管理体制，并结合项目的实际情况详细阐述管理体制的特点和要点，明确需要达到的项目管理目标。

3. 施工工期筹划

在编制施工工期筹划前，应明确项目的总体施工流程、预制构件制作流程、标准层施工流程等内容。在总体施工流程中，应考虑预制构件的吊装与传统现浇结构施工的作业交叉，明确两者之间的界面划分及相互之间的协调。另外，在施工工期规划时还应考虑起重设备、作业工种等的影响，尽可能做到流水作业，提高施工效率，缩短施工工期。

4. 临时设施布置计划

除传统的生活办公设施、施工便道、仓库及堆场等布置外，还应根据项目预制构件的种类、数量、位置等，结合运输条件，设置预制构件专用堆场及运输专用便道，堆场设置

应结合预制构件重量和种类，考虑施工便利、现场垂直运输设备吊运半径和场地承载力等条件；专用便道布置应考虑满足构件运输车辆通行的承载能力及转弯半径等要求。

5. 预制构件生产计划

预制构件生产计划应结合准备的模具种类及数量、预制厂综合生产能力安排，并结合施工现场总体施工计划编制，并尽可能做到单个施工楼层生产计划与现场吊装计划相匹配，同时，在生产过程中必须根据现场施工吊装计划进行动态调整。

6. 预制构件现场存放计划

施工现场必须根据施工工期计划合理编制构件进场存放计划，预制构件的存放计划既要保证现场存货满足施工需要，又确保现场备货数量在合理范围内，以防存货过多占用过大的堆场，一般要求提前一周将进场计划报至构件厂，提前2～3天将构件运输至现场堆置。

7. 预制构件吊装计划

预制构件吊装计划必须与整体施工计划匹配，结合标准层施工流程编制标准层吊装施工计划，在完成标准层吊装计划的基础上，结合整体计划编制项目构件吊装整体计划。

8. 质量管理计划

在质量管理计划中应明确质量管理目标，并围绕质量管理目标重点针对预制构件制作和吊装施工，以及各不同施工层的重点质量管理内容进行质量管理规划和组织实施。

9. 安全文明管理计划

在安全文明管理计划中应明确其管理目标，并围绕管理目标重点开展预制构件制作和吊装施工，以及各不同施工层的重点安全管理内容进行安全与文明施工管理规划和组织实施。

三、施工工艺及总体筹划

采用装配式混凝土结构施工的项目，在施工工期筹划时应事先明确预制构件的制作与运输，以及预制构件吊装施工等关键工序的施工流程和所需要的时间，并在此基础上进行施工总体工期的筹划。施工总体工期与工程的前期吊装和节点连接等工序施工规划、预制构件的制作及预制构件等工序所需要的工期是密不可分的。施工管理者、设计人员和构件供应商三者之间应密切配合，相互确认才能充分发挥装配式混凝土结构在工期上的优势。

1. PC工程前期筹划工期

在筹划施工总体工期时必须考虑PC工程施工计划编制所需要时间，也即工程前期筹划时间。PC工程施工计划编制时应考虑的内容包括预制构件吊装及节点连接方式、预制构件的生产方式、水电管线和辅助设施制图、预制构件制作详图和三方确认、预制构件制作模板设计与制作等相关内容。工程前期筹划时间一般需要安排5个月，考虑到与构件制作和现场施工工期上的作业交叉，对总体工期的影响可考虑1个月。

2. 预制构件制作工期

预制构件制作环节的工期是指针对所有预制构件从第一批开始生产至最后一批完成所需要的全部时间。该工序的工期应根据"预制构件生产计划"进行编制。另外，在制订预制构件的生产计划时应充分考虑构件厂的生产方式、生产能力和场地存放规模，以及施工现场临时堆放场地的大小和预制构件吊装施工进度等因素，科学、合理地进行规划。

一般来说，无论是采用固定台座生产线还是机组流水线的制作方式，预制构件的生产制作工期的规划一般以1天为一个循环周期。固定台座生产线法一个循环周期一般只能制作一批构件，考虑到受生产条件与施工工期等因素的制约，有时也采用2天作为一个循环周期。而机组流水线法，可根据不同的预制构件种类，一个循环周期可生产多个批次的预制构件。但无论循环周期的长与短，应尽可能做到有计划地均衡生产，提高生产效率和资源利用的最大化。件标准生产工为采用固定台座生产线法单个循环周期的预制构

3. 构件生产实施具体方案的编制

（1）编制要求。装配式混凝土结构预制构件生产实施方案的编制，除应满足制作工程的生产、质量、安全、环境要求外，还应满足现行国家及地方的相应标准与规范。

（2）预制工艺。使原料逐步发生形状及性能变化的工序称为基本工序或工艺工序，各工艺工序总称为工艺过程或工艺。根据预制构件类型的不同，需要采取不同的预制工艺。预制工艺决定了生产场地布置及设备安装等，因此，在场地选择和布置之前首先需要明确预制工艺的各项细节问题。一般来说，预制构件的生产工艺包括钢筋加工（冷加工、绑扎、焊接）、模具拼装、混凝土拌和、混凝土浇筑、密实成型（振动密实、离心脱水、真空脱水、压制密实等）、饰面材料铺设、养护工艺（常温养护、加热养护）等。

（3）预制构件生产模式的选择见表9.1。

表 9.1 预制构件生产模式的选择

生产模式的对比		
序号	基地化工厂生产	游牧式工厂生产
1	投资额大	投资额小
2	机械化程度高	机械化程度较低
3	自动流水线＋固定模台	固定模台
4	蒸汽养护＋自然养护	自然养护
5	劳动力需求小	劳动力需求大
6	受天气影响小	受天气影响大
7	运输成本高	运输成本低
8	固定式不够灵活	灵活多变可跟随项目移动
注：预制构件的生产模式，没有哪种方式是绝对好的，无论是高度机械化自动化的生产模式，还是露天作业的生产方式，适用于工程项目的才是最好的。		

基地化工厂生产预制采用了较为先进的生产工艺，工厂机械化程度较高，从而使生产效率大大提高，产品成本大幅度降低。当然，在工厂建设中要考虑工厂的生产规模和厂址选择等因素。

基地化工厂生产预制的生产规模即工厂的生产能力，是指工厂每年质量标准的制品数量（如立方米、延米、块等）。

产品纲领是指产品的品种、规格及数量。基地化工厂生产预制产品纲领主要取决于地

区基本建设对各种制品的实际需要。在确定产品的纲领时，必须充分考虑对建厂地区原材料资源的合理利用，特别是工业废料的综合利用。

游牧式构件预制厂布置灵活多样，实用性强，投资较小，建设周期短，有利于中小城市或特殊项目建筑工业化的推广应用，且能够有效避免产能不匹配的问题。游牧式构件预制厂采取短距离运输且运输设备小型化，减少了构件运输损耗，降低了综合成本，相比大型预制构件生产厂家，在运距、价格等方面具有一定优势。游牧式构件预制厂利于构件尺寸大型化、多样化，通过优化节点避免了裂缝等质量通病。能与现场紧密配合，及时发现并快速解决施工中的问题。相比基地化工厂生产，游牧式预制构件厂的产业工人固定，利于总包单位组织管理，不受第三方因素的影响，也不增加税务成本。

游牧式构件预制厂由于靠近建筑工地，具有运距近、投资少、布置灵活等诸多优点。在目前建筑施工中，一些超宽、超高的大型 PC 构件，通常在现场游牧式工厂预制生产。

（4）预制构件生产工厂施工设计。预制构件生产工厂场地在选址上，因地制宜，充分利用现有条件，做到交通便利、物流畅通；在技术上，生产线应考虑适用性强，设备性能稳定可靠、运转安全、操作维修方便的设备。从建设经济学的角度考虑，建设成本必须可控，后期运行维护成本低，预制工厂的生产线可塑性强。在环境上，预制构件生产工厂的环境绿化与空间组合需协调，在生产过程中努力改善工厂和工作环境，符合环保和人性化要求。

如果预制构件生产工厂场地选址在待规划区域的，必须考虑将来扩建的可能性。

1）工厂总平面布置。预制构件工厂的基本设置大体上都一样，按功能可分为生活办公区、生产区、存放区三大区域。总平面布置根据项目各单项工程，工艺流程，物料投入产出，废弃物排出及原料贮存，内外交通运输等情况，按地的自然条件、生产要求与功能及行业、专业的设计规范进行安排。

2）生产区。生产区一般为大跨度单层钢结构厂房，车间设计 2～4 跨不等，生产区长度为 120～180 m，单跨宽为 24～27 m，每跨车间内需配置桁车至少 2 台、起吊高度不小于 7 m。地面硬化处理，硬化层不低于 20 mm 厚。生产线振动系统工位及蒸养房工位地面需要做地基处理。主要布置部品部件生产线和钢筋加工线、混凝土搅拌站等，部品部件生产线可布置综合环形生产线（可生产叠合板、内外墙板）、固定模台生产线、楼梯阳台空调板生产区等。

3）构件储存区。构件预制工厂构件储存区不仅是构件存储场地，也是构件质量检查、修补、粗糙面处理、表面装饰处理的场所。构件储存区可分为车间内和车间外两种，室外场地面积一般为制作车间的 1.5～2 倍。地面尽可能硬化，至少要铺碎石，排水要通畅。室外场地需要配置 16～20 t 龙门式起重机，场地内有构件运输车辆的专用道路。

预制构件的储存区布置应与生产车间相邻，以方便运输，减少运输距离。检验合格的半成品可以通过同一轨道的起重机转入构件储存区，形成流水作业。

4）生产线选型设计。环形流水生产线可生产的产品种类由两个因素决定，一是钢底模的尺寸规格（9 000 mm×4 000 mm）；二是蒸养窑的层高限制（层间空隙为 450 mm），由以上两个因素可以确定产品的种类为长、宽、高不大于 9 000 mm×4 000 mm×450 mm 的板类及梁、柱构件。如未来市场潜力比较大的公用建筑装饰外挂板，一般宽度不超过 6 m，本生产线完全适用。

对于尺寸符合一定规则（长宽为 3.5 m×4.5 m，厚度不超过 300 mm）的平板类混凝土预制构件，如果数量较大（墙板、楼板等），则适合采用流水线连续生产。此种流水线国外有成熟技术，国内也已经开发出适宜的工艺线，未来工厂的工艺规划和工程建设重点要满足此种流水线的要求。

对于大型建筑预制构件（大型立体墙板、屋面板、工业厂房屋架等），最好采用固定模位方式生产。工厂建设阶段预留车间或露天场地，但要做好设备选型工作，以适应构件最大尺寸和重量需要，一般生产大型构件的公司都是采用这种方式。

5）生产线布置设计。

①为生产平衡，减少空间浪费和降低作业人员巡回作业的强度，预制构件生产流水线工位呈环形布置。在预制构件生产线的周边，根据生产需要设置工器具存放区、半成品堆放区。

②各生产线分开合理布置，中间区域可作为工作人员通道、巡视观摩通道。

③如果采用两条预制构件生产线和一条钢筋生产线的配置，则采用两条 PC 构件流水生产线左右分开，钢筋生产线位居中间的布置形式，以减少钢筋成品、半成品搬运距离。

④预制构件生产线两侧均设置排水沟与电缆沟，有必要时设置暖气沟。电气管线分离，排水沟与电缆沟不得共用，废水与管线不得同用一条暗沟。

⑤根据生产设备高度，确定车间桁式起重机高度。为提高车间桁式起重机利用率，各桁吊必须能够贯穿通行整个流水线。桁式起重机安装必须在钢结构屋盖覆盖前安装完毕。

6）设备选择。

①构件生产模具：平板类预制混凝土构件如叠合板、阳台板、空调板等对平整度要求较高的构件可选用钢制固定模台与相应模具配合生产。

②养护设备选择：当最低气温高于 10 ℃时，为自然养护；当温度低于 10 ℃时，进行蒸汽养护，每日定时浇水养护。蒸汽养护可选用燃油炉，采用热模法露天蒸养，模台底部通入蒸汽，蒸养温度在 25～40 ℃构件上面加盖塑料薄膜，再加盖一层毛毡，主管线使用 $\phi100$ mm 的无缝钢管，每 2 个模台为一组通入支管道 $\phi40$ mm 分为 12 根，蒸汽管道的安装、焊接将请专业的队伍进行施工，并通过验收后方进行使用。

③起重设备选择：脱模及构件吊装可以采用塔式起重机或龙门式起重机进行作业，吊重选择应为最重构件重量的 2.5 倍以上，塔式起重机作业范围大，适合方形场地，但作业稳定性差；龙门式起重机适合长方形场地，作业稳定性好，作业范围小。

4. 预制构件运输筹划

预制构件的运输应制订运输计划及方案，包括运输时间、次序、堆放场地、运输线路、固定要求、堆放支垫及成品保护措施等内容。对于超高、超宽、形状特殊的大型构件的运输和堆放应采取专门质量安全保证措施。构件在运输过程中需要用到各种专用运输架，如插放架、靠放架、托架。根据构件的重量和外形尺寸进行设计制作，且尽量考虑运输架的通用性。

对钢筋混凝土屋架和钢筋混凝土柱子等构件，根据运输方案所确定的条件，验算构件在最不利截面处的抗裂度，避免在运输中出现裂缝。如有出现裂缝的可能，应进行加固处理。

在运输预制构件前再次对路线进行勘查，对于沿途可能经过的桥梁、桥洞、电缆、车道的承载能力、通行高度、宽度、弯度和坡度，沿途上空有无障碍物等实地考察并记载，制定出最佳顺畅的路线，需要实地现场的考察，如果凭经验和询问很有可能发生许多意料之外的事情，有时甚至需要交通部门的配合等，因此这点不容忽视。在制订方案时，每处需要注意的地方需要注明。如不能满足车辆顺利通行，应及时采取措施。另外，应注意沿途是否横穿铁道，如有应查清楚火车通过道口的时间，以免发生交通事故。

如果工程项目的预制构件体积量大，构件运输可借用社会物流运输力量，以招标的形式、确定构件运输车队。少量的构件，可自行组织车辆运输。发货前，应对承运单位的技术力量和车辆、机具进行审验，并报请交通主管部门批准，必要时要组织模拟运输。在运输过程中要对预制构件进行规范的保护，最大限度地消除和避免构件在运输过程中的污染与损坏。做好构件成品的防碰撞措施，采用木方支垫、包装板围裹进行保护。预制钢筋混凝土阳台、预制钢筋混凝土空调板、预制钢筋混凝土楼梯、设备平台采用平放运输，放置时构件底部设置通长木条，并用紧绳与运输车固定。阳台、空调板可叠放运输，叠放块数不得超过 6 块，叠放高度不得超过限高要求；阳台板、楼梯板不得超过 3 块。

运输应遵守有关交通法规，在出发前对车辆及箱体进行检查，还要核查驾驶人资格、送货单、安全帽的配备。驾驶人在运输时，应根据运输计划严守运行路线，严禁超速、避免急刹车。如需要在工地周边停车时，必须停放指定地点。

为确保钢筋混凝土预制构件进入施工现场且能够在施工现场运输畅通，设置进入现场主大门道路至少宽 8 m，施工现场道路宽为 5 m，保证构件运输车辆能够在主大门道路双向通行，保证在施工现场转弯、直走等方式畅通。施工现场场地及指定地点内车辆要熄火、刹车、固定防止遛车。

5. 预制构件吊装施工工期

预制构件吊装施工工期应根据"预制构件吊装计划"进行编制，并基于标准层楼层的吊装施工工期进行筹划。标准层施工中包括了现浇混凝土施工，临时设施等附属设施的施工等所需要的时间。标准层施工的时间一般可设定为 7 天，但通过增加劳动力和施工的组织，也能实现 5 天施工一层楼面的能力。但值得注意的是，现场吊装施工工期的筹划在满足工程总体工期的前提下，尽量做到人力和施工设备等的合理匹配，同时应考虑经济性和安全性。各楼层的施工工期尽可能做到均衡作业，以提高现场工作人员和起重设备等的使用效率、降低施工成本、加快施工工期。

任务实训

1. 装配式建筑施工组织设计的准备工作有哪些？

_____

_____

_____

_____

_____

2. 装配式建筑施工组织设计编制的主要内容有哪些？

_____

_____

_____

_____

3. 预制构件生产模式的选择有哪两种模式？它们各自的特点分别是什么？

_____

_____

_____

_____

_____

4. 预制构件生产工厂施工设计总体上有哪些原则需要去把控？

_____

_____

_____

_____

_____

5. 学习心得及总结：

_____

_____

_____

_____

_____

任务二 装配式建筑施工管理

施工管理应根据施工组织设计大纲中所明确的管理计划和管理内容进行管理。施工管理内容包括质量管理、进度管理、成本管理、安全文明管理、环境保护及绿色施工等内容。施工管理不仅是施工现场的管理，也应包括工厂化预制管理在内的整个工程施工的全过程管理和有机衔接。

一、装配式建筑施工质量管理

装配式混凝土结构是建筑行业由传统的粗放型生产管理方式向精细化方向转型发展的重要标志，相应的质量精度要求由传统的厘米级提升至毫米级的水平，因此，对施工管理人员、施工设备、施工工艺等均提出了较高的要求。

装配式混凝土结构施工的质量管理必须涵盖构件生产、构件运输、构件进场、构件堆置、构件吊装就位、节点施工等一系列过程，质量管控人员的监管及纠正措施必须贯穿始终。

预制构件生产必须对每个工序进行质量验收，尤其对与吊装精度息息相关的埋件、出筋位置、平面尺寸等严格按照设计图纸及规范要求进行验收。预制构件运输应采用专用运输车辆，构件装车时必须按照设计要求设置搁置点，搁置点应满足运输过程中构件强度的要求。构件进场后，必须对预埋件、出筋位置、外观、平面尺寸等进行逐一验收。构件堆放必须符合相关标准和规范所规定的要求，地面应硬化，硬化标准应按照所堆放构件的种类和质量进行设计，并确保具有足够的承载力。对于外墙板，应使用专用堆置架，并对边角、外饰材、防水胶条等加强保护。

竖向受力构件的连接质量与预制建筑结构安全密切相关，是质量管理的重点。竖向受力构件之间的连接一般采用灌浆连接技术，灌浆的质量直接影响到整个结构的安全性，因此必须进行重点监控。灌浆应对浆料的物理化学性能、浆液流动性、28 d强度、灌浆接头同条件试样等进行检测，同时，对于灌浆过程应进行全程旁站式施工质量监管，确保灌浆质量满足设计要求。

精细化质量管理对人员素质、施工机械、施工工艺要求极高，因此，施工过程中必须由专业的质量管控人员全程监控，施工操作人员必须为专业化作业人员，施工机械必须满足装配式建筑施工精度要求并具备施工便利性，施工工艺必须先进和可靠。

二、装配式建筑施工进度管理

装配式建筑施工进度管理应采用日进度的管理，将项目整体施工进度计划分解至日施工计划，以满足精细化进度管理的要求。

构件之间装配及预制和现浇之间界面的协调施工直接关系到整体进度，因此，必须做好构件吊装次序、界面协调等计划。

由于装配式建筑与传统建筑施工进度管理对垂直运输设备的使用频率相差极大，装配式建筑对垂直运输设备的依赖性非常大，因此必须编制垂直运输设备使用计划，计划编制时应将构件吊装作业作为最关键的作业内容，并精确至日、小时，最终以每日垂直运输设备使用计划指导施工。

三、装配式建筑施工成本管理

装配式混凝土结构的成本管理主要包括预制厂内成本管理、运输成本管理及现场吊装成本管理。

（1）预制厂内成本管理主要受制于模具设计、预埋件优化、生产计划合理化等内容，模具设计在满足生产要求下，应做到数量最少化、效率最大化的目标，同时合理安排生产计划，尽可能提高模板的周转次数，降低模具的摊销费用。

（2）运输成本主要与运距有关，因此，预制厂选址时必须考虑运距的合理性和经济性，预制厂与施工现场的最大距离以不超过 80 km 为宜。

（3）现场吊装成本主要包括垂直运输设备、堆场及便道、吊装作业、防水等，此阶段成本控制应在深化设计阶段即对构件的拆分、单块构件质量、最大构件单体质量的数据进行优化，尽可能降低垂直运输设计、堆场及便道的标准，降低此部分的施工成本。

四、装配式建筑施工安全文明管理

起重吊装作业贯穿于装配式建筑项目的主体结构施工全过程，作为安全生产的重大危险源，必须重点管控，结合装配式建筑施工特色引进旁站式安全管理、新型工具式安全防护系统等先进安全管理措施。

由于装配式建筑所用构件种类繁多，形状各异，质量差异也较大，因此对于一些重量较大的异形构件而言应采用专用的平衡吊具进行吊装。

由于起重作业受风力影响较大，现场应根据作业层高度设置不同高度范围内的风力传感设备，并制订各种不同构件吊装作业的风力受限范围。在预制构件吊装的规划中应予以明确并实施管理。

在施工中应结合装配式建筑的特色合理布置现场堆场、便道和建筑废弃物的分类存放与处置。有条件的尽可能使用新型模板、标准化支撑体系等，以提高施工现场整体文明施工水平，达到资源重复利用的目的。装配式建筑项目现场安全文明管理可实施"6S"管理，"6S"管理源自日本建筑行业的现场安全文明管理体系。"6S"即"安全（SECURITY）""整理（SEIRI）""整顿（SEITON）""清扫（SEISOU）""清洁（SEIKETSU）"和"习惯（SUKAN）"六个单词的第一个字母。

由于装配式建筑施工的特殊性，相关施工作业人员必须配置完整的个人作业安全防护装备并正确使用。一般的安全防护用品应包括但不限于安全帽、安全带、安全鞋、工作服、工具袋等施工必备的装备。

装配式建筑施工管理人员及特殊工种等有关作业人员必须经过专项的安全培训，在取得相应的作业资格后方可进入现场从事与作业资格对应的工作。对于从事高空作业的相关人员应定期进行身体检查，对有心脑血管疾病史、恐高症、低血糖等病症的人员一律严禁从业。

五、装配式建筑施工环境保护与绿色施工管理

装配式建筑是绿色、环保、低碳、节能型建筑，是建筑行业可持续发展的必由之路。以人为本，发展绿色建筑，特别是住宅项目将节约资源和保护环境放在突出的位置，大大地推动了绿色建筑的发展。装配式建筑施工技术使施工现场作业量减少、使施工现场更加整洁，采用高强度自密实商品混凝土大大减少了噪声、粉尘等污染，最大限度地减少了对周边环境的污染，使周边居民享有一个更加安宁整洁的无干扰环境。装配式建筑由干式作业取代了湿式作业，现场施工的作业量和污染排放量明显减少，与传统施工方法相比，建筑垃圾大大减少。

绿色施工管理针对装配式建筑主要体现在现场湿作业减少，木材使用量大幅下降，现场的用水量降低幅度也很大，通过对预制率和预制构件分布部位的合理选择以及现场临时设施的重复周转的利用，并采取节能、节水、节材、节地和环保，即"四节一环保"的技术措施，达到绿色施工的管理要求。

任务实训

1. 装配式建筑施工进度管理有哪些要点？

_____

_____

2. 装配式建筑项目现场安全文明管理可实施"6S"管理，其中"6S"指的是什么？

_____

_____

3. 以同学们自己的观点，应该如何做好装配式建筑施工环境保护与绿色施工管理？

_____

_____

_____

4. 学习心得及总结：

_____

_____

_____

_____

任务三　装配式混凝土结构施工方案

在编制装配式混凝土结构施工方案之前，编制人员应仔细阅读设计单位提供的相关设计资料，正确理解深化设计图纸和设计说明所规定的结构性能和质量要求等相关内容，并根据装配式混凝土结构施工总体筹划中明确的施工组织设计大纲的要求，针对不同建筑结构体系预制构件的吊装施工工艺和流程的基本要求进行编制，并应符合国家和地方等相关施工质量验收标准与规范的要求。

施工方案中应包括预制构件吊装总体流程及工期、单个标准层吊装施工的流程及工期、施工场地的总体布置、预制构件的运输和方法、吊装起重设备和吊装专用器具及管理、作业班组的构成、构件吊装顺序及注意事项、施工吊装注意事项及吊装精度、安全注意事项等相关内容。施工方案编制时，还应考虑与传统现浇混凝土施工之间的作业交叉，尽可能做到两种施工工艺之间的相互协调和匹配。

一、预制构件吊装总体流程及工期

装配式结构的主要预制构件包括预制柱、预制梁、预制楼板、预制楼梯、预制阳台、预制外墙板等。根据建筑结构形式的不同可分为装配整体式框架结构、装配整体式剪力墙结构、装配整体式框架—现浇剪力墙结构三种结构体系。另外，预制外墙板体系又可分为全预制外墙板（含预制夹心保温外墙板）和部分预制现浇的 PCF 外墙板两种结构形式。不同的建筑结构体系和外墙板体系在吊装施工阶段其工艺流程既存在着共性，又有一定的区别。施工实施主体在制定预制构件吊装总体流程时，应正确领会各类结构体系预制构件的吊装顺序和吊装要领，合理安排工期，做到预制构件吊装均衡化施工，实现现场施工设备和劳动力等资源的合理分配和优化利用。

预制构件吊装施工的总体流程及工期的制定主要是以单个标准层楼面预制构件施工流程为基础进行循环往复的作业。单个标准层楼面的规划应重点考虑以下几个方面的内容：

(1) 预制构件的数量、质量和吊装施工所需要的时间；

(2) 构件湿式连接部分现浇混凝土的方量及先后顺序；

(3) 构件干式连接部分节点的接头形式和施工要求；

(4) 预制构件吊装时的配合工种和作业人员的配置；

(5) 各类施工机械设备和器具的性能与使用数量等。

二、预制框架结构体系标准层楼面施工

装配式混凝土框架结构体系的主要预制构件有预制柱、预制大小梁、预制叠合楼板、预制楼梯、预制阳台、空调板和预制外墙等。值得注意的是，预制构件在吊装前、吊装就位后及预制构件节点灌浆连接均需要对该环节的施工完成情况进行检查，在验收合格后方可进行下一个工序施工。预制构件品装前的检查内容主要针对预制构件在施工现场驳运过程中是否产生二次裂缝、破损和变形等外观质量进行检查；预制构件吊装就位后主要针对

吊装精度进行检查；预制柱连接节点灌浆施工环节是整个预制构件施工过程中最关键的工序，除在灌浆前应对灌浆材料的相关指标性能是否满足设计要求进行检查外，灌浆过程中应采取旁站等方式对其工艺是否符合规定的要求进行严格检查，完成灌浆后还应对节点灌浆是否密实进行检查，必要时可采取无声检测仪器等设备进行填充效果检测；另外，对于现浇节点及预制叠合部分的模板安装完成后的精度和接缝密封性等应进行检查。现场施工质量管理员和监理人员等应重点针对上述施工关键环节进行检查和现场监管。

三、预制剪力墙体系标准层楼面施工

预制剪力墙体系主要预制构件为预制剪力墙、预制楼梯、预制楼板、预制空调、阳台板。值得注意的是，预制构件在吊装前、吊装就位后及预制构件的节点灌浆连接等施工环节均需进行检查，在验收合格后，方可进行下一个工序的施工。

四、预制外挂墙板施工

预制外挂墙板根据其施工工艺的不同可分为干式墙板和湿式墙板两种类型。干式墙板为包括预制夹心保温墙板在内的全预制外墙板，也称全预制外挂墙板；湿式墙板采用半预制半现浇的施工方式施工，即 PCF 外墙板。

1. 干式外墙板的施工

干式节点预制外墙板通常在预制梁的外侧预留挂靠件，在预制墙板上预留挂板，然后通过挂靠件上设置垫片调整，控制预制外墙板的标高。干式外挂墙板的吊装可选择标准层楼面所有的预制构件吊装完成后进行。

2. 湿式外墙板的施工

湿式预制外墙通常在预制部分的墙板上部预留锚筋，锚筋伸入叠合现浇层内。湿式预制外墙的施工工艺为：在墙板上部预留锚筋，锚筋须伸入叠合现浇层内。在外墙板上部与登合楼板的现浇部分用混凝土现浇的方式形成整体。下部用铁件连接，并应严格按照设计的要求留有一定的缓冲空间，以免在地震等外力作用下产生位移时，墙体结构不至于受到挤压而破坏。

五、预制构件吊装施工作业时间

预制构件吊装计划应根据总体进度计划进行分解，并制订吊装施工环节的施工计划。由于预制构件吊装计划又直接影响总体施工进度，两者之间相互关联又相互制约，合理安排、科学编制预制构件品装计划对于装配式结构的施工有着重要的意义。尤其是当前国内装配式混凝土结构的预制率普遍处于 30%～40% 的情况下，与传统现浇施工工艺的有机衔接是确保预制构件吊装施工工期的重要保障。影响预制构件吊装施工工效的主要因素有以下几个方面：

（1）起重设备资源的配置是否能充分满足吊装的需求；

（2）构件堆放场地的规划，吊装机械设备的使用效率，场地内二次驳运等；

（3）预制构件的运输和进场的安排是否合理，是否能保证连续吊装作业；

（4）上一道工序的准备工作是否到位；

（5）与其他工序的衔接，如钢筋绑扎与预制构件吊装顺序相配合，传统现浇施工工艺的交叉作业等。

六、施工场地的总体布置

临时设施规划包括施工场地的总体布置、临时施工便道、起重设备及外部脚手架等相关内容。若在施工安装时采取相应的安全措施的前提下，外部脚手架也可省去。施工场地的总体布置至少应考虑以下几个方面的内容：

（1）与现场出入口及社会道路的衔接、场内施工便道的硬化、汽车式起重机或履带式起重机等起重设备的专用道路设计；

（2）预制构件、钢筋加工、模板、临时材料等的堆场；

（3）起重设备的停放位置及作业半径、临时脚手架、塔式起重机；

（4）其他必要的设施和设备等。

七、斜撑系统的设计

斜撑系统的主要功能是将预制柱和预制墙板等构件吊装就位后起到临时固定的作用，同时，通过设置在斜撑上的调节装置对其垂直度进行微调。当预制构件的吊装达到设计要求精度后，对调节装置实施锁定。斜撑系统应按照以下原则进行设计：

（1）在预制柱吊装时，斜撑的设置数量应根据其施工工艺和预制柱所处的位置不同，一般采用3点支撑，也可采用4点支撑。预制剪力墙或预制外墙板的斜撑数量应根据安装工艺进行计算确定。

（2）在预制柱吊装时，柱底应设置专用的铁制垫片拥有调整立柱的底标高。铁制垫片的厚度可采用2 mm、3 mm、5 mm、10 mm等不同规格，垫片的平面尺寸应根据预制柱的质量及底部封底水泥砂浆的强度计算确定，设置数量一般可采用每根预制柱4片垫片。

（3）铁制垫片的设置位置既要考虑预制柱就位后的稳定性，又要考虑垂直度调节装置的可调性。因此，其设置位置应根据预制柱的质量，斜撑的支撑高度和倾角等参数计算确定。

（4）斜撑的表面应采取热浸镀锌防锈处理。斜撑和楼面板之间的倾角一般为45°～60°，通常采用角度为55°，在斜撑两端应设置带有螺纹的锁定装置。

（5）在楼面板上设置斜向支撑的固定位置时，应综合考虑与其他预制构件吊装的交叉施工，预制构件的稳定性和平衡性及对后续工序施工等的影响。

八、竖向支撑系统的设计

竖向支撑系统的主要功能是用于预制主次梁和预制楼板等水平承载构件在吊装就位后起到垂直荷载的临时支撑，与斜撑相比竖向支撑不仅要承担预制构件的自重荷载，还要承担此类叠合构件现浇混凝土自重荷载及施工荷载等。因此，竖向支撑系统应根据其施工过程中的各种荷载进行专门的设计，并进行强度及稳定性验算。同时，通过设置在竖向支撑上的调节装置对预制构件的设置标高进行微调。当预制构件的吊装精度达到设计要求后对调节装置实施锁定。竖向支撑系统的设计应按照以下原则进行。

（1）根据施工荷载和跨度等现场施工条件进行支撑系统的设计。为便于支撑系统的现场安装和重复利用，每个支撑系统可由多组支撑架组合应用，单个支撑架可由大、中、小三种类型的框架结构进行组合形成竖向支撑系统。

（2）每个支撑架的设计允许承受的竖向荷载进行验算，并根据预制构件施工时需承担的施工荷载进行支撑架的组合。

（3）当预制梁下面有非承重墙时，在决定位置和支撑方法时，必须考虑合理的连接方式。

（4）支撑架一般采用碳钢钢管，其表面应采取热浸镀锌防锈处理。

（5）在规定的位置和水平面上事先应安装操作架。在操作架的顶端设置方形枕木或 H 形钢等。操作架的设计应根据施工条件，重点考虑杆件的承载能力和变形。对于悬臂楼面板构件，还要考虑悬臂长度及其偏心荷载的作用等影响。

九、起重设备的选型

起重设备的选型应充分考虑现场的用地条件和装配式建筑物的形状与建筑高度等因素。装配式建筑施工时需要采用起重设备包括汽车轮胎式起重机和塔式起重机等。汽车轮胎式起重机主要用于预制构件进场验收合格后的卸货及场内的驳运等，对于底层装配式建筑或高层建筑的底层区而言，汽车轮胎式起重机还可用于预制构件的吊装施工。塔式起重机是专门用于中高层装配式建筑预制构件的吊装施工，同时，也可作为工程施工时其他材料的垂直运输等的使用。构件起吊时必备的专用吊具和钢丝绳等的强度和形状应事先进行规划与合理地选择。钢丝绳种类的选择应根据预制构件的大小、质量及起吊角度等参数来确定其长度和直径，并严格按照有关规范和标准进行使用与日常管理。

1. 汽车轮胎式起重机的规划

汽车轮胎式起重机伸开支撑脚时应具有足够的站立空间，并保证地面具有足够的承载力和平整度，以确保汽车轮胎式起重机起吊时受力均衡和起重设备的稳定性。

2. 起重机专用道路

汽车轮胎式起重机专用道路的设计除应考虑起重机的自重和预制构件等的荷载及其偏心作用外，还应考虑起吊是受自然条件等因素的动力附加荷载的影响。由于装载构件的运输车辆频繁地使用起重设备专用通道，所以施工管理方应采取必要的技术措施以防止专用道路出现车辙和坑槽，以及起重机专用道路要求较高的平整度且无坡度。另外，还需要采取措施保证道路结构的排水通畅，防止雨水浸泡降低地基承载力和局部塌陷。汽车轮胎式起重机专用道路的结构类型应根据原状地基条件合理选择。同时，应考虑道路的使用频率和使用周期等因素的影响。

3. 使用汽车轮胎式起重机时建筑物高度的考量

预制构件吊装施工时应考虑已吊装完成建筑物的影响，防止起重机碰到建筑物而无法吊装到指定位置。

4. 起重机使用时的旋转碰撞

起重机的回转半径内必须考虑一定间距的净空，不能有影响其旋转的建筑物。

5. 塔式起重机选型

根据工程的现场特点，结合塔式起重机各方面性能和现场施工场地等实际情况对塔式起重机进行选型。

6. 塔式起重机的负荷性能

根据预制构件的质量和起吊伸转半径，分析塔式起重机负荷性能在最大吊装半径或最小吊装半径内是否能够安全起吊。

7. 塔品布置

根据塔式起重机吊装半径合理布置塔式起重机位置及数量，确保所有预制构件都在安全的吊装范围之内。

8. 塔式起重机基础设计参数

塔式起重机的基础设计参数包括承台基础、承台混凝土等级、钢筋保护层厚度、钢筋采用等级。塔式起重机承台面标高所选塔式起重机的基本参数信息。塔式起重机的荷载信息包括独立基础在自由高度（吊装高度）时需要满足荷载设计值、垂直荷载和倾覆力矩等。基础最小尺寸计算、塔式起重机基础承载力计算、地基基础承载力验算、受冲切承载力验算、承台配筋计算，该部分的设计可采用 PKPM CMIS 软件进行验算。

任务 实训

1. 装配式混凝土结构施工方案主要有哪些内容？

_____

_____

_____

2. 影响预制构件吊装施工工效的主要因素有哪些？

_____

_____

_____

3. 装配式建筑施工场地的总体布置至少应考虑几个方面的内容？

_____

_____

_____

4. 学习心得及总结：

_____

_____

_____

_____

项目小结

1. 装配式建筑对施工组织设计的影响：装配式建筑的特点是预制构件在工厂内加工制作，现场进行组装，这一特点对施工组织设计提出了新的要求：

（1）重视预制构件的工厂生产和现场存储、运输管理，确保构件的质量和交货期。

（2）合理安排预制构件的安装顺序和安装方法，提高安装效率和质量。

（3）注重装配式建筑的结构安全性和耐久性，采取相应的技术措施和管理措施。

（4）考虑装配式建筑对环境保护和可持续发展的要求，采用环保型材料和工艺，降低能耗和排放。

2. 施工组织设计是装配式建筑建设过程中不可或缺的一部分，它对整个项目的实施起到了全面的规划和指导作用。通过合理的施工组织设计，可以确保各施工环节有序进行，提高施工效率，降低成本，减少浪费。

测试

班级：_____   姓名：_____   成绩：_____

1. 在编制装配式施工组织设计大纲时应符合现行国家标准中的（   ）。（5分）

A.《建筑工程施工组织设计规范》

B.《建设工程监理规范》

C.《中华人民共和国安全生产法》

D.《中华人民共和国民法典》

2. 装配式预制构件室外场地需要配置龙门式起重机的起重重量是（   ）t。（5分）

A. 16～20   B. 6～10

C. 30～40   D. 20～40

3. 预制柱吊装时的斜撑的设置数量应根据其施工工艺和预制柱所处的位置不同，一般采用（   ）点支撑。（5分）

A. 1   B. 2

C. 3   D. 4

4. 判断题：在编制施工工期筹划前应明确项目的总体施工流程、预制构件制作流程、标准层施工流程等内容（   ）。（5分）

5. 判断题：在筹划施工总体工期时必须考虑PC工程施工计划编制所需要时间，也即工程可行性研究筹划时间（   ）。（5分）

6. 判断题：运输成本主要与运距有关，因此，预制厂选址时必须考虑运距的合理性和经济性，预制厂与施工现场的最大距离以不超过130 km为宜（   ）。（5分）

7. 判断题：装配式混凝土结构是建筑行业由传统的粗放型生产管理方式向精细化方向转型发展的重要标志，相应的质量精度要求由传统的厘米级提升至纳米级的水平。（   ）（5分）

8. 判断题：装配式结构的主要预制构件包括：预制柱、预制梁、预制楼板、预制楼梯、

预制阳台、预制外墙板等（　　）。（5分）

9. 简答题：装配式建筑施工现场的塔式起重机基础设计参数一般有哪些？（10分）

_____

_____

_____

10. 简答题：预制构件生产时，养护设备该如何选择？（20分）

_____

_____

_____

11. 简答题：汽车轮胎式起重机专用道路的设计有哪些原则？（10分）

_____

_____

_____

12. 论述题：通过自己的学习，大家如何看待采取装配式建筑进行施工能够取得哪些优势？（20分）

_____

_____

_____

_____

📖 总结

_____

_____

_____

_____

参考文献

［1］林孟洁，彭仁娥，刘孟良. 建筑施工组织［M］. 2 版. 长沙：中南大学出版社，2016.

［2］巫英士，郑杰珂. 建筑施工组织设计［M］. 北京：北京理工大学出版社，2013.

［3］中华人民共和国住房和城乡建设部. GB/T 50326—2017 建设工程项目管理规范［S］. 北京：中国建筑工业出版社，2017.

［4］《建筑施工手册》编委会. 建筑施工手册［M］. 5 版. 北京：中国建筑工业出版社，2013.

［5］中华人民共和国住房和城乡建设部. GB/T 50502—2009 建筑施工组织设计规范［S］. 北京：中国建筑工业出版社，2009.

［6］中华人民共和国住房和城乡建设部. JGJ/T 121—2015 工程网络计划技术规程［S］. 北京：中国建筑工业出版社，2015.